Inhaltsverzeichnis

(Fortsetzung siehe nächste Seite)

Autorin: Ingrid Siegl

Vorwort

Liebe Schülerin, lieber Schüler,

dieses Trainingsbuch hilft dir, den gesamten **Mathematikstoff der 8. Klasse** selbstständig zu wiederholen. Du kannst dich mit diesem Buch besonders gut auf bevorstehende **Klassenarbeiten** vorbereiten oder die Aufgabensammlung nutzen, um parallel zum Unterricht vertiefend zu üben.

- Der Unterrichtsstoff ist **klar strukturiert** und **verständlich dargestellt**. Am Anfang eines jeden Kapitels sind die **grundlegenden Inhalte** in einem **Merkkasten** zusammengefasst. Anhand von **ausführlichen Beispielen** wird der Stoff veranschaulicht und mithilfe nützlicher Hinweise erklärt.
- **Zahlreiche Übungsaufgaben** bieten dir die Möglichkeit, die unterschiedlichen Stoffgebiete einzuüben. Hier kannst du überprüfen, ob du die gelernten Inhalte auch anwenden kannst. Wenn du bei einigen Aufgaben unsicher bist, solltest du den jeweiligen Merkkasten und die dazugehörigen Beispiele noch einmal nacharbeiten.
- Zu allen Aufgaben findest du am Ende des Buches **leicht nachvollziehbare** und **ausführliche Lösungen**. Versuche aber, jede Aufgabe zunächst selbstständig zu lösen. Schlage erst in der Lösung nach, wenn du allein nicht weiterkommst. Vergleiche zum Schluss deine Lösungen aber in jedem Fall mit denen im Buch und suche gegebenenfalls nach Rechenfehlern oder Verbesserungsmöglichkeiten deines Ansatzes.

Wenn du regelmäßig mit diesem Buch arbeitest, wirst du sicher bald feststellen, wie dir das Lösen der Aufgaben immer leichter fällt. Denn wie überall gilt auch in der Mathematik: „Übung macht den Meister!“

Ich wünsche dir bei der Arbeit mit dem Buch viel Erfolg und Freude!

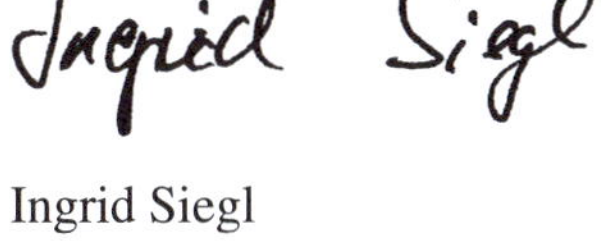

Ingrid Siegl

Prozentrechnung

Daten zur Prozentrechnung lassen sich besonders anschaulich in **Diagrammen** darstellen. Diagrammtypen, die dir dabei immer wieder begegnen werden, sind Säulen-, Balken- und Kreisdiagramme. Beim **Auswerten** solcher Schaubilder musst du aber gut aufpassen: Manchmal geben die Grafiken ein verzerrtes Bild der Wirklichkeit wieder.

1 Grundbegriffe

Jeder von uns benutzt ähnliche Ausdrücke im Alltag. Doch was versteckt sich tatsächlich hinter dem Begriff **Prozent**?

- Mathematisch gesehen dienen Prozente dem **Vergleich von Verhältnissen**.
- **Ein Prozent** bedeutet so viel wie **ein Hundertstel** bzw. $\frac{1}{100}$.
  Man schreibt: **1 %**
- **Anteile in Prozent** kann man auch als **Bruch** oder in **Dezimalschreibweise** angeben.

Beispiel

Wandle die Prozentangaben 1 % und 20 % zuerst in einen Bruch, dann in eine Dezimalzahl um.

Lösung:

$$1\,\% = \frac{1}{100} = 0{,}01$$

1 % ist der **hundertste Teil** von einem Ganzen.

$$20\,\% = \frac{20}{100} = 0{,}2$$

1 Manche Prozentsätze können leicht in Brüche verwandelt werden, mit denen man gut im Kopf rechnen kann. Ergänze die Tabelle.

	Prozent	gekürzter Bruch	Dezimalbruch
a)	1 %		
b)	10 %		
c)	20 %		
d)		$\frac{1}{2}$	
e)		$\frac{1}{4}$	
f)		$\frac{1}{8}$	
g)			0,75
h)			1

2 Färbe jeweils den angegebenen Prozentsatz und gib an, wie viel Prozent der Fläche weiß bleibt.

a) 60 % rot

b) 25 % rot, 50 % grau

c) 5 % rot, 25 % grau

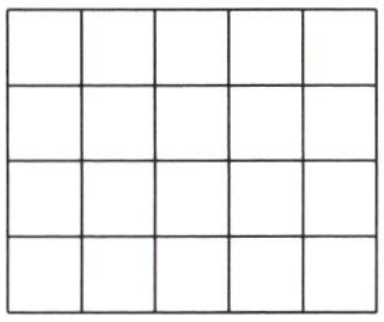

3 Wie viel Prozent der Fläche ist jeweils gefärbt? Gib auch als Bruch an.

a)

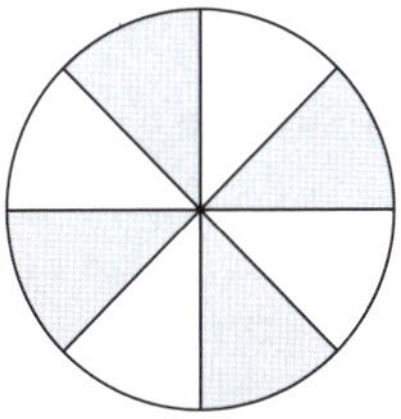

b)

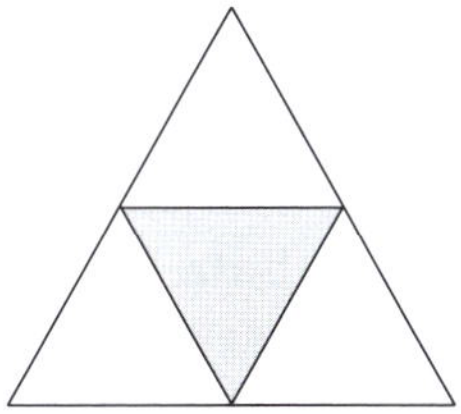

c)

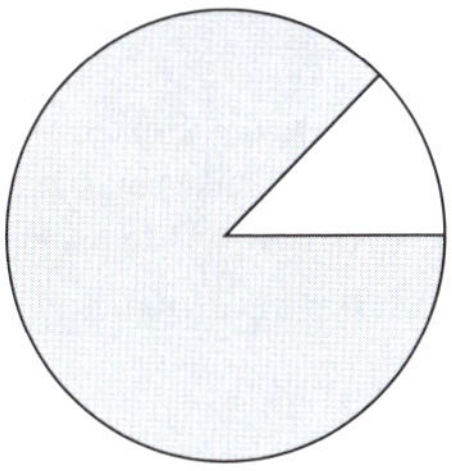

d)

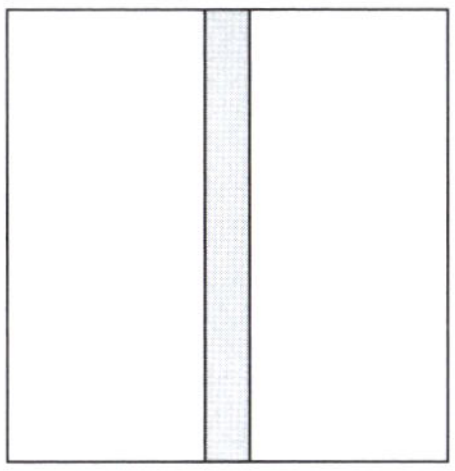

4 Berechne die Anteile im Kopf und ergänze die Tabelle.

	200 m	**500 €**	**75 kg**	**80 Punkte**
1 %				
10 %				
20 %				
50 %				
75 %				

2 Grundwert, Prozentwert, Prozentsatz

Von den 25 Schülern der Klasse 8 b haben 14 Schüler Susanne zur Klassensprecherin gewählt.
In der Parallelklasse 8 a (28 Schüler) wurde der Klassensprecher Matthias mit der Hälfte aller Stimmen gewählt. Wer hat in seiner Klasse mehr Zustimmung bekommen?

In der Prozentrechnung werden dir folgende Begriffe immer wieder begegnen:

- Der **Grundwert G** gibt immer das **Ganze** an, also **100 %**.
- Der **Prozentwert P** gibt immer **ein Teil vom Ganzen** an.
- Der **Prozentsatz p %** ist der **Anteil in Prozent**.

Viele Aufgaben der Prozentrechnung kannst du im **Kopf** lösen. Für alle anderen Aufgaben rechne mit dem **Dreisatz** oder mit einer der folgenden **Formeln:**

$G = \frac{P \cdot 100}{p}$ $P = \frac{G \cdot p}{100}$ $p = \frac{P \cdot 100}{G}$

Beispiele

1. Wie viel Prozent der Schüler aus der Klasse 8 b haben Susanne gewählt?

Lösung:

▶ **Mit dem Dreisatz**

Gesucht ist der **Prozentsatz**. Der Grundwert (die ganze Klasse: 25 Schüler) entspricht immer 100 %.

$25 \text{ Schüler} \mathrel{\hat{=}} 100\ \%$

$1 \text{ Schüler} \mathrel{\hat{=}} 100\ \% : 25 = 4\ \%$

$14 \text{ Schüler} \mathrel{\hat{=}} 4\ \% \cdot 14 = 56\ \%$

▶ **Mit der Formel**

Setze den **Prozentwert** (14 Schüler) und den **Grundwert** in die Formel $p = \frac{P \cdot 100}{G}$ ein.

$p = \frac{14 \cdot 100}{25}$

$p\ \% = 56\ \%$

56 % der Schüler haben Susanne gewählt.

2. Wie viele Schüler haben Matthias gewählt?

Lösung:

▶ **Im Kopf**

Gesucht ist der **Prozentwert**.

Die Hälfte von 28 Schülern sind 14 Schüler.

▶ **Mit dem Dreisatz**

Die 28 Schüler entsprechen 100 %.

Die **Hälfte** in Prozent sind 50 %.

$100\ \% \mathrel{\hat{=}} 28 \text{ Schüler}$

$1\ \% \mathrel{\hat{=}} 28 \text{ Schüler} : 100 = 0{,}28 \text{ Schüler}$

$50\ \% \mathrel{\hat{=}} 0{,}28 \text{ Schüler} \cdot 50 = 14 \text{ Schüler}$

▶ **Mit der Formel**

$$P = \frac{28 \cdot 50}{100}$$

$$P = 14$$

14 Schüler haben Matthias gewählt.

Setze den **Prozentsatz** und den **Grundwert** in die Formel $P = \frac{G \cdot p}{100}$ ein.

3. In der Klasse 8c sagt Klassensprecherin Christine: „Mich haben auch 14 Schüler gewählt und ich weiß, dass dies 70 % der Klasse sind." Nun kannst du sicher ausrechnen, wie viele Schüler in Christines Klasse sind.

Lösung:

▶ **Mit dem Dreisatz**

$70\ \% \mathrel{\hat{=}} 14$ Schüler

$1\ \% \mathrel{\hat{=}} 14$ Schüler $: 70 = 0{,}2$ Schüler

$100\ \% \mathrel{\hat{=}} 0{,}2$ Schüler $\cdot 100 = 20$ Schüler

Gesucht ist der **Grundwert**.
Die 14 Schüler entsprechen 70 %.

▶ **Mit der Formel**

$$G = \frac{14 \cdot 100}{70}\ \text{Schüler}$$

$$G = 20\ \text{Schüler}$$

In der Klasse 8c sind 20 Schüler.

Setze den **Prozentsatz** und den **Prozentwert** in die Formel $G = \frac{P \cdot 100}{p}$ ein.

5 a) Mike Smith hat die Wahl zum neuen Sheriff von Silver Bell mit 74 % der Stimmen gewonnen. 550 Bürger der Goldgräberstadt haben einen Wahlzettel abgegeben. Wie viele Bürger haben ihn gewählt?

b) Tom Miller hat nur 66 der 550 Stimmen bekommen. Wie viel Prozent der Bürger haben für ihn gestimmt?

c) Im Nachbarort haben nur 85 % der Bürger einen Wahlzettel abgegeben. Das waren 510 Stimmen. Wie viele Bürger hat der Ort?

6 a) Das Dortmunder Fußballstadion hat die größte Stehplatztribüne Europas. Das ganze Stadion bietet 80 000 Zuschauern Platz, davon sind 31 % Stehplätze. Wie viele Stehplätze hat das Stadion?

b) Das Münchner Stadion hat maximal 13 500 Stehplätze und bietet insgesamt 69 000 Zuschauern Platz. Wie viel Prozent der Plätze sind Stehplätze?

c) In Hamburg gibt es 10 000 Stehplätze. Das sind etwa 18 % aller Plätze. Wie viel Zuschauer passen insgesamt in das Stadion?

7 Löse das Kreuzzahlrätsel.

waagrecht

a) 10 % von 810

b) 200 % von 1 231

e) Das Ganze in Prozent

f) 133,4 sind 46 % davon

h) 60 % von 1 175

i) 453 sind 75 % davon

k) 100 % von 1 200

a		■	b	c		d
	■	e			■	
■	f			■	g	■
h			■	i		j
	■	■	k			

senkrecht

a) 21,5 sind 25 % davon

b) Doppelt so viel in Prozent

c) So viel Prozent sind 80 von 200

d) Ein Viertel in Prozent

e) 130 um 50 % vergrößert

f) Der 5. Teil in Prozent

g) Das 3-Fache in Prozent

h) So viel Prozent sind 507 von 650

j) So viel Prozent sind 674 von 1 685

8 Hier siehst du einige Ergebnisse der Klassensprecherwahlen einer Schule. Berechne die fehlenden Werte (Grundwert, Prozentwert oder Prozentsatz).

Klasse 5	a	Andreas	18 Stimmen von 27 Stimmen
	b	Jonas	19 Stimmen von 25 Stimmen
	c	Britta	20 Stimmen von 22 Stimmen
Klasse 6	a	Manuel	15 Stimmen von 20 Stimmen
	b	Julian	17 Stimmen von 24 Stimmen
	c	Sarah	23 Stimmen von 25 Stimmen
Klasse 7	a	Mareike	75 % von 28 Stimmen
	b	Lisa	80 % von 25 Stimmen
	c	Nadine	70 % von 20 Stimmen
Klasse 9	a	Vanessa	18 Stimmen, das sind 90 %
	b	Marlene	20 Stimmen, das sind 80 %
	c	Marco	21 Stimmen, das sind 70 %

9 Apfelsaftschorle besteht aus Mineralwasser und Apfelsaft.

a) Wie viele Milliliter Apfelsaft enthält die abgebildete Schorle?

b) Wenn du Mineralwasser und Saft mischt, kannst du den Fruchtsaftanteil selbst bestimmen. Wie viel Prozent Saft enthält deine Schorle, wenn du 400 $m\ell$ Saft und 350 $m\ell$ Wasser verwendest?

c) Du hast eine Flasche Apfelsaft mit 500 $m\ell$. Wie viel Apfelsaftschorle kannst du herstellen, wenn der Fruchtsaftanteil 45 % betragen soll?

3 Vermehrter und verminderter Grundwert

Die **Mehrwertsteuer** (MwSt.) ist ein Aufschlag auf den Verkaufspreis, der staatlich festgelegt wird. Für die meisten Waren beträgt sie in Deutschland zurzeit **19 %**, für begünstigte Waren wie z. B. Lebensmittel nur **7 %**.

Großhandelspreis 100 %	Mehrwertsteuer 19 %
Endpreis 119 %	

Um schnell den Preis einer Ware mit oder ohne MwSt. zu berechnen, hilft dir der vermehrte bzw. verminderte Grundwert.

- Beim **vermehrten Grundwert** wird der normale Grundwert um einen bestimmten Prozentsatz p % vermehrt: **100 % + p %.**
- Beim **verminderten Grundwert** wird der normale Grundwert um einen bestimmten Prozentsatz p % vermindert: **100 % – p %.**
- Bei vermehrten oder verminderten Grundwerten bietet es sich oft an, mit dem **Wachstumsfaktor** zu rechnen. Der Faktor berechnet sich beim vermehrten Grundwert mit $1+\frac{p}{100}$, beim verminderten Grundwert mit $1-\frac{p}{100}$.

eispiele

1. Leon kauft im Internet ein PC-Spiel für 25 €. Dazu kommt noch die MwSt. in Höhe von 19 %. Wie viel kostet das Spiel insgesamt?

Lösung:

▶ **Mit dem Dreisatz**

$100\,\% \mathrel{\hat{=}} 25\,€$

$1\,\% \mathrel{\hat{=}} 25\,€ : 100 = 0{,}25\,€$

$119\,\% \mathrel{\hat{=}} 0{,}25\,€ \cdot 119 = 29{,}75\,€$

Berechne den **vermehrten Grundwert:** 100 % + 19 % = 119 %.

▶ **Mit dem Wachstumsfaktor**

Wachstumsfaktor: $1+\frac{19}{100}=1{,}19$

neuer Preis: $25\,€ \cdot 1{,}19 = 29{,}75\,€$

Das PC-Spiel kostet 29,75 €.

Da es sich um den vermehrten Grundwert handelt, ist der Faktor **größer als 1**.

2. Im Ausverkauf gibt es auf alle Artikel 30 % Ermäßigung.
Wie viel kostet dann das Boot?

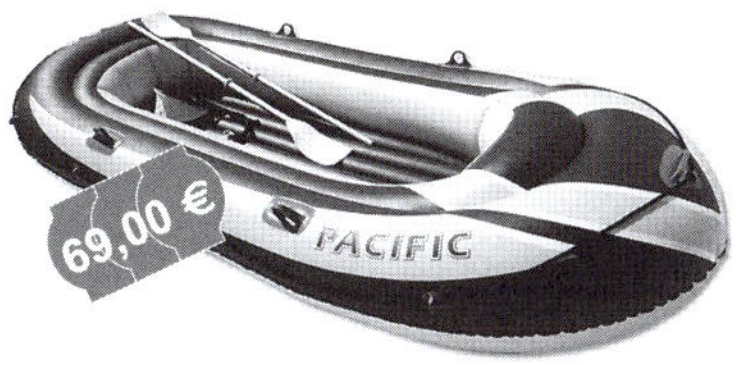

Lösung:

▶ **Im Kopf**

30 % von 69 € sind 20,70 €.

69,00 € – 20,70 € = 48,30 €

Du kannst leicht 10 % von 69 € berechnen und das Ergebnis mit 3 multiplizieren.

▶ **Mit dem Dreisatz**

$100\ \% \mathrel{\hat{=}} 69{,}00\ €$

$1\ \% \mathrel{\hat{=}} 69{,}00\ € : 100 = 0{,}69\ €$

$70\ \% \mathrel{\hat{=}} 0{,}69\ € \cdot 70 = 48{,}30\ €$

Berechne den **verminderten Grundwert:** 100 % – 30 % = 70 %.

▶ **Mit dem Wachstumsfaktor**

Wachstumsfaktor: $1 - \frac{30}{100} = 0{,}7$

neuer Preis: $69\ € \cdot 0{,}7 = 48{,}30\ €$

Da es sich um den verminderten Grundwert handelt, ist der Faktor **kleiner als 1**.

Das Boot kostet noch 48,30 €.

3. Ein Spielwarenhändler kalkuliert bei seinen Preisen mit 15 % Geschäftskosten und 12 % Gewinn. Für wie viel Euro verkauft der Händler eine Spielekonsole, wenn er sie für 98,50 € eingekauft hat?

Lösung:

$100\ \% \mathrel{\hat{=}} 98{,}50\ €$

$1\ \% \mathrel{\hat{=}} 98{,}50\ € : 100 = 0{,}985\ €$

$115\ \% \mathrel{\hat{=}} 0{,}985\ € \cdot 115 \approx 113{,}28\ €$

Berechne **zuerst** den Preis mit den Geschäftskosten.

$100\ \% \mathrel{\hat{=}} 113{,}28\ €$

$1\ \% \mathrel{\hat{=}} 113{,}28\ € : 100 = 1{,}1328\ €$

$112\ \% \mathrel{\hat{=}} 1{,}1328\ € \cdot 112 \approx 126{,}87\ €$

Den Preis mit Gewinn musst du ausgehend von deinem **neuen Grundwert** berechnen.

Er verkauft die Konsole für 126,87 €.

10 Carlo kauft bei „Motorrad Heinz“ ein gebrauchtes Motorrad und neues Zubehör. Bei allen Preisen kommt noch die MwSt. von 19 % hinzu. Wie viel kosten die Sachen dann?

5,80 €

27,50 €

199 €

4 025,50 €

11 Ein großer Elektronikmarkt verkauft zu Werbezwecken einen USB-Stick, der für 5,98 € eingekauft wurde, mit einem Verlust von 14 %. Wie viel muss der Kunde für den USB-Stick bezahlen?

12 Berechne die fehlenden Werte in der Tabelle.

	alter Preis	Preisnachlass	neuer Preis
a)	49,00 €	10 %	
b)	255,75 €	12,5 %	
c)	269,80 €	3 %	
d)		10 %	400,00 €
e)		25 %	50,00 €

13 Lebensmittel werden nur mit 7 % Mehrwertsteuer besteuert.
Berechne den Endpreis folgender Lieferungen, wenn eine Getränkekiste jeweils 12 Flaschen zu einem Liter enthält.

a) 12 Kisten Apfelsaft pro Liter 0,85 € zuzüglich MwSt.

b) 10 Kisten Orangensaft pro Liter 1,01 € zuzüglich MwSt.

c) 5 Kisten Limonade pro Liter 0,35 € zuzüglich MwSt.

14 Ute möchte sich einen neuen Laptop kaufen.
Im Schaufenster eines kleinen Computerladens sieht sie das nebenstehende Angebot. Der Verkäufer sagt ihr, dass bei Barzahlung vom Endpreis 2 % Skonto abgezogen werden.
Wie viel kostet der Laptop bei Barzahlung?

15 Ein Baumarkt hat bestimmte Waren in 2 Schritten reduziert: zuerst um 12 % und dann nochmals um 10 %. Bei Barzahlung erhält man zusätzlich 3 % Skonto.

a) Daniel denkt: „Ich addiere die Ermäßigungen: 12 % + 10 % + 3 % = 25 %, also spare ich ein Viertel.“ Stimmen seine Überlegungen?

b) Berechne jeweils den neuen Barzahlungspreis.

16 Neue Tarifverträge sehen für die Beschäftigten ab 1. Januar eine Lohnerhöhung von 1,8 % und ab 1. September eine nochmalige Lohnerhöhung um 0,5 % vor. Berechne die Monatslöhne und den Jahreslohn von Frau Graf und Frau Weber.

	Frau Graf	Frau Weber
ursprünglicher Monatslohn	1 920 €	2 130 €
Monatslohn ab Januar		
Monatslohn ab September		
Jahreslohn		

17 a) Chiara freut sich auf ihren ersten eigenen Verdienst als Azubi zur Industriekauffrau: Laut Ausbildungsvertrag bekommt sie monatlich 620 €. Doch auf ihrem Konto landen nur 498,10 €.
Ihre Mutter erklärt ihr: „Die 620 € sind der Bruttoverdienst, davon werden gleich die Beiträge zu den Sozialversicherungen (z. B. Krankenversicherung) abgezogen. Die 498,10 € sind der Nettoverdienst."
Wie hoch sind die prozentualen Abgaben bei Chiara?

b) Nadine macht eine Ausbildung zur Floristin, sie bekommt monatlich 420,25 € netto. Wie hoch ist ihr Bruttoverdienst?
Rechne mit denselben prozentualen Abgaben wie bei Chiara.

18 In einem Modegeschäft wurden bereits die neuen Wintersachen geliefert. Um Platz für die neuen Kleidungsstücke zu schaffen, entscheidet sich die Chefin, einige sommerliche Artikel billiger als zuvor zu verkaufen. Dafür möchte sie bei den Wintersachen etwas mehr verlangen. Hier siehst du die neuen Preise.

a) Berechne jeweils den ursprünglichen Preis.

b) Hat die Chefin insgesamt mehr oder weniger eingenommen, wenn alle Teile zu den angegebenen Preisen verkauft werden?

4 Darstellung in Schaubildern

Prozentsätze können mit **Diagrammen** veranschaulicht werden. Die häufigsten Diagrammtypen sind Kreis-, Säulen-, Streifen- und Balkendiagramme. Beim Erstellen solcher Schaubilder solltest du folgende **Tipps** beachten:

- Überlege, **welcher Diagrammtyp** geeignet ist, um die Daten darzustellen.
- Lege eine passende **Größe** für das Diagramm fest.
- Bei Säulen- und Balkendiagrammen musst du an die **Beschriftung der Achsen** denken und auf die **Achseneinteilung** achten.
- Für Kreisdiagramme gilt: **100 %** entsprechen immer **360°**.
- Zeichne **sauber** und **genau**.
- Formuliere eine passende **Überschrift**.

eispiele

1. In diesen Kreisdiagrammen ist der Fettgehalt der jeweiligen Lebensmittel dargestellt. Berechne den Winkel der grau markierten Kreisteile.

Lösung:

a) Salami **50 %**

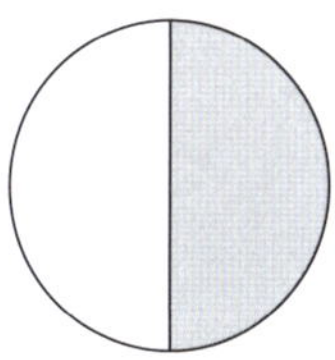

$100\,\% \mathrel{\hat{=}} 360^\circ$
$1\,\% \mathrel{\hat{=}} 3{,}6^\circ$
$50\,\% \mathrel{\hat{=}} 180^\circ$

b) Mayonnaise **80 %**

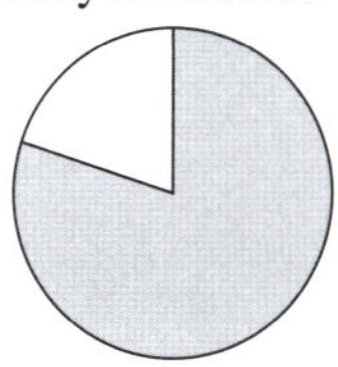

$100\,\% \mathrel{\hat{=}} 360^\circ$
$1\,\% \mathrel{\hat{=}} 3{,}6^\circ$
$80\,\% \mathrel{\hat{=}} 288^\circ$

c) Haselnüsse **67 %**

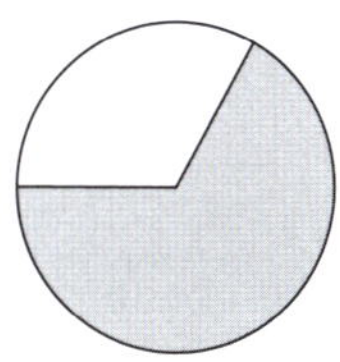

$100\,\% \mathrel{\hat{=}} 360^\circ$
$1\,\% \mathrel{\hat{=}} 3{,}6^\circ$
$67\,\% \mathrel{\hat{=}} 241{,}2^\circ$

2. Bei einer Umfrage unter Schülern zum Thema „Wie kommst du zur Schule?" ergaben sich folgende Antworten: 36 % der Schüler kommen zu Fuß zur Schule, 14 % kommen mit dem Rad, 43 % kommen mit dem Bus und der Rest wird von den Eltern gebracht.

Erstelle für diese Werte ein Streifen-, Säulen- und Balkendiagramm.

Lösung:

▶ **Streifendiagramm**

Wähle für das Diagramm eine Breite von **10 cm**, dann gilt: $1\,\% \mathrel{\hat{=}} 0{,}1$ cm.

So kommen die Schüler zur Schule

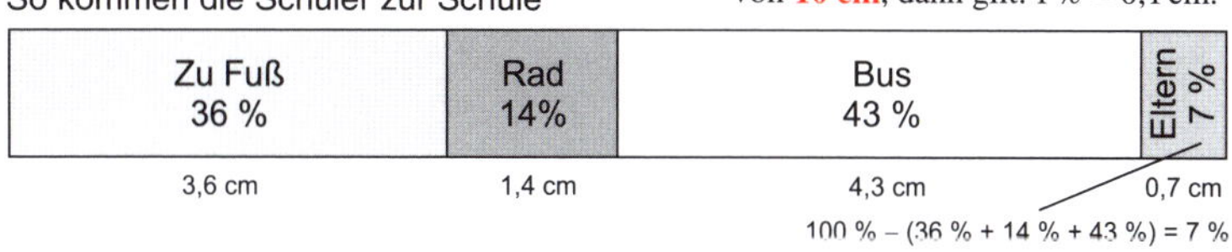

▶ Säulendiagramm

So kommen die Schüler zur Schule

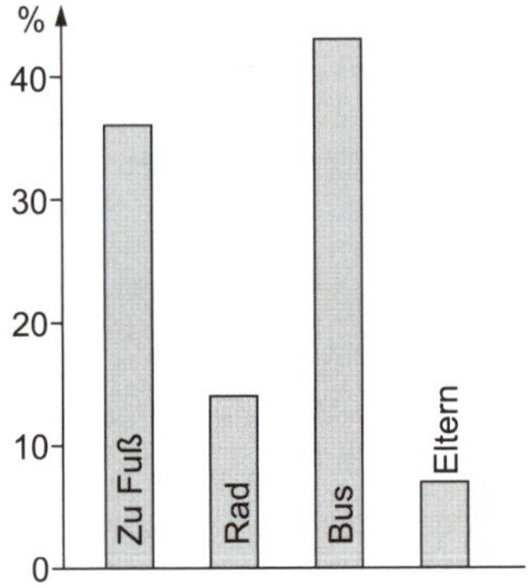

Lege eine geeignete **Einteilung der Achsen** fest, z. B. 10 % ≙ 1 cm.

Der größte Prozentsatz liegt bei 43 %, also muss die Hochachse mindestens **4,3 cm hoch** sein.

▶ Balkendiagramm

So kommen die Schüler zur Schule

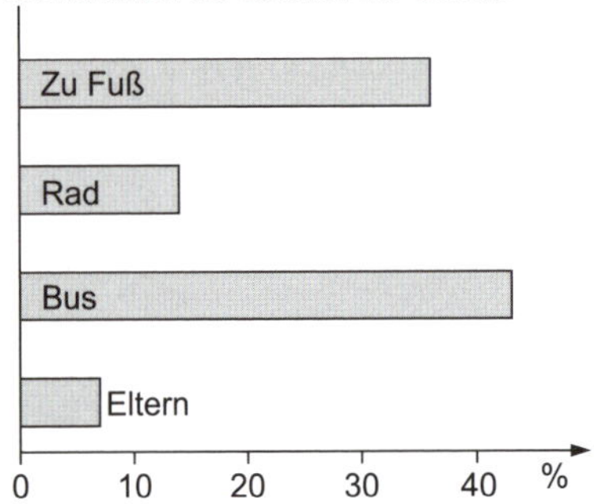

Denke immer an eine **Überschrift** und an eine sinnvolle **Beschriftung** der Achsen.

19 Die Nährstoffanteile in unserer täglichen Ernährung sollten ausgewogen sein: Man sollte 50 % bis 60 % Kohlenhydrate, 12 % bis 15 % Eiweiß und 25 % bis 30 % Fett zu sich nehmen. Die Ernährung von Ausdauersportlern sollte mehr Kohlenhydrate und Eiweiß enthalten. Überprüfe, ob sich die folgenden Personen richtig ernähren. Begründe deine Meinung.

Sandra, Schülerin

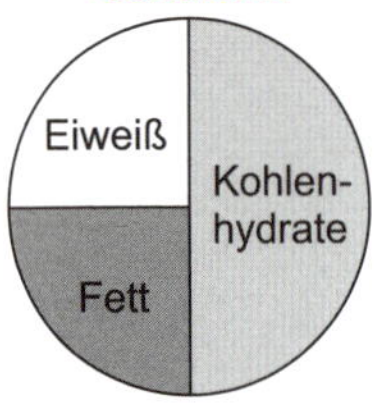

Herr Bergmann, Unternehmer

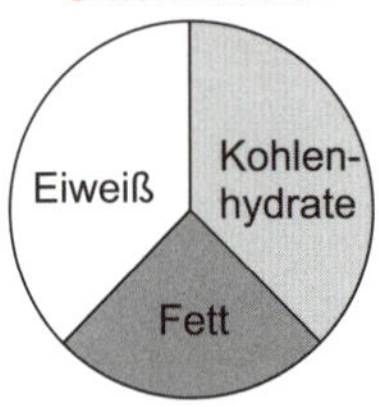

Frau Hafner, Sportlehrerin und Marathonläuferin

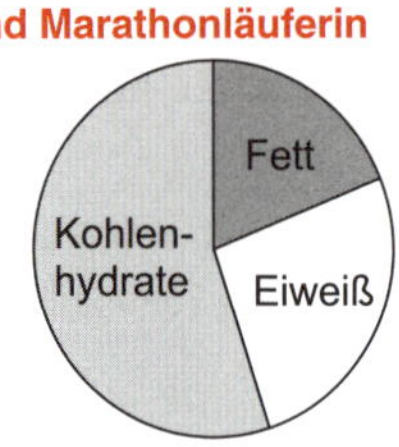

20 a) Ordne die Prozentwerte den richtigen Diagrammen zu.

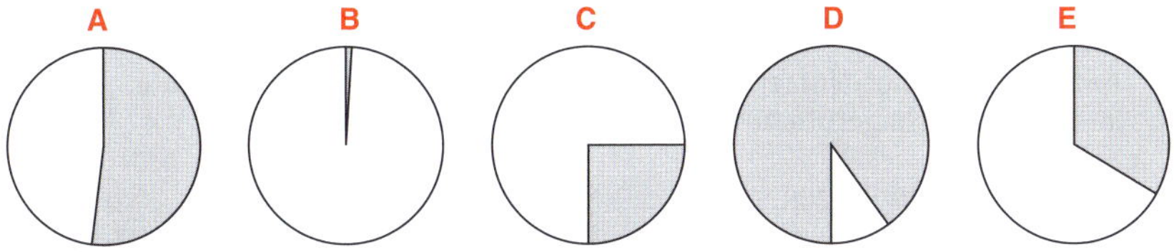

25 %　　90 %　　52 %　　33 %　　1 %

b) Zeichne 4 Kreise mit einem Durchmesser von 3 cm und färbe einmal 10 %, einmal 80 %, einmal 40 % und einmal 75 %.

21 Die SMV der Astrid-Lindgren-Schule (578 Schüler) möchte neue Schul-T-Shirts bestellen. Dazu hat sie eine Umfrage zu den Lieblingsfarben der Schüler durchgeführt. Bei der Auszählung ergab sich folgendes Ergebnis:

Farbe	rot	schwarz	blau	braun	grün
Anzahl	128	179	84	95	72

Die restlichen Stimmen waren ungültig. Stelle die prozentualen Anteile in einem Säulen-, Balken-, Streifen- und Kreisdiagramm dar.

22 Eine Müslimischung enthält folgende Zutaten:

Dinkelvollkornflocken	32 %	Erdnusskerne	11 %
Hafervollkornflocken	29 %	Gerstenflocken	7 %
Rosinen, ungeschwefelt	15 %	Sonnenblumenkerne	6 %

Stelle die Zusammensetzung in einem Streifendiagramm dar.

23 Ein Verband befragt Verbraucher:
„Was machen Sie mit Ihren Weihnachtsgeschenken, wenn Sie Ihnen nicht gefallen?“
Betrachte das Diagramm.

a) Stelle die Werte in einem Kreisdiagramm dar. Du kannst auch ein Tabellenkalkulationsprogramm dafür verwenden.

b) 1 000 Leute haben an der Umfrage teilgenommen. Wie viele davon möchten die Geschenke weiterverschenken?

c) In einer Zeitung steht: „Fast die Hälfte der Deutschen gibt unerwünschte Geschenke an den Händler zurück oder verschenkt sie weiter.“
Stimmt diese Aussage? Begründe deine Meinung.

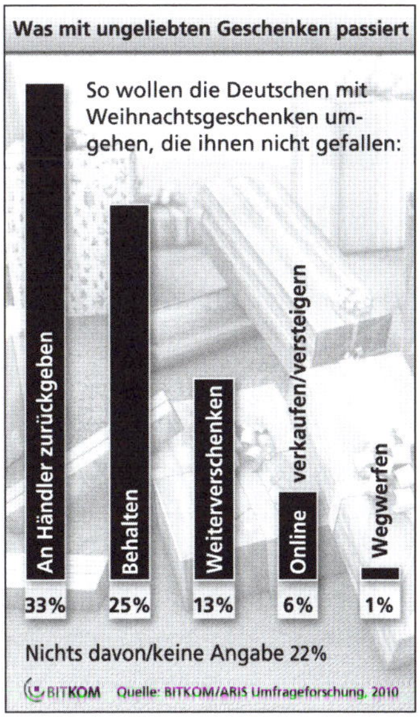

24

a) Wahr oder falsch? Kreuze an.

	wahr	falsch
Eintrittskarten, Sammler-Objekte und Haushaltsgeräte wurden gleich oft ersteigert.	☐	☐
Fast jeder 4. Nutzer ersteigerte Bücher.	☐	☐
Fast ein Drittel aller Internet-Nutzer ersteigerten Hobby- und Freizeitartikel.	☐	☐
Jugendliche unter 14 Jahren haben nichts ersteigert.	☐	☐
17 Personen haben Telefone, Handys oder Zubehör ersteigert.	☐	☐

b) Insgesamt ersteigerten 27 Millionen Deutsche Artikel im Internet. Wie viele davon ersteigerten Kleidung, Schmuck oder Accessoires?

c) Deutschland hat etwa 82 Millionen Einwohner. Wie viel Prozent ersteigerten etwas im Internet?

d) Tim möchte die Daten in einem Kreisdiagramm darstellen. Die ersten beiden Artikel hat er schon eingetragen, nun steht er bald vor einem Problem. Kannst du ihm weiterhelfen?

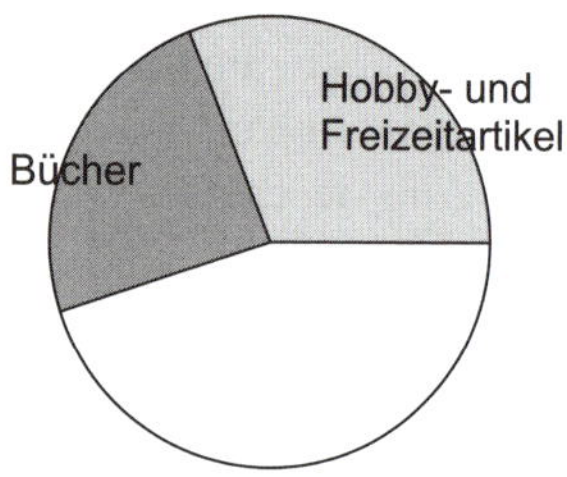

e) Ist die Überschrift „Jeder zweite Web-Nutzer ersteigert Produkte“ sinnvoll? Nimm Stellung und erfinde gegebenenfalls eine eigene, passende Überschrift.

5 Promillerechnung

Anteile, die kleiner als 1 % sind, werden häufig in **Promille** angegeben. Das Wort kommt vom lateinischen „pro mille“ und bedeutet **„von tausend“**.

> Mit Promille wird **wie mit Prozent** gerechnet, nur wird das Ganze in **1 000** gleich große Teile zerlegt und nicht in 100:
>
> $1\,‰ = \frac{1}{1000} = 0{,}001 = 0{,}1\,\%$

Beispiel

Berechne 7 ‰ von 8 000 m.

Lösung

▶ **Im Kopf**

1 ‰ von 8 000 m sind 8 m.
7 ‰ sind dann $7 \cdot 8\text{ m} = 56\text{ m}$.

▶ **Mit dem Dreisatz**

1 000 ‰ ≙ 8 000 m
1 ‰ ≙ 8 000 m : 1 000 = 8 m
7 ‰ ≙ $8\text{ m} \cdot 7 = 56\text{ m}$

Bei der Promillerechnung entsprechen immer **1 000 ‰** dem **Ganzen**.

▶ **Mit der Formel**

$$P = \frac{G \cdot p}{1\,000}$$

$$P = \frac{8\,000\text{ m} \cdot 7}{1\,000}$$

$$P = 56\text{ m}$$

Wenn du mit Promille rechnest, musst du in der Prozentformel **1 000** statt 100 einsetzen.

25 Berechne.

a) 9 ‰ von 12 000 €
b) 1,8 ‰ von 4 500 €
c) 0,7 ‰ von 11 km
d) 0,5 ‰ von 5 ℓ

26 Eine Haupteisenbahnstrecke darf in Deutschland nicht mehr als 12,5 mm je Meter horizontale Strecke steigen. Wie viel Promille sind das?

27 Wie viel Milliliter reiner Alkohol sind bei einem Blutalkoholgehalt von 0,3 ‰ im Blut eines Erwachsenen enthalten?
(Gehe von einer Gesamtblutmenge von 7 Litern aus.)

6 Zinsrechnung

Simon hat bei einem Ferienjob 800 € verdient. Er möchte dieses Geld für ein Jahr anlegen, um seinen Rollerführerschein zu finanzieren.

Die Zinsrechnung ist angewandte Prozentrechnung. Man benutzt jedoch andere Begriffe:

Zinsrechnung		**Prozentrechnung**	
Kapital, Kredit	K	Grundwert	G
Zinsen	Z	Prozentwert	P
Zinssatz	p %	Prozentsatz	p %

Wenn nichts anderes angegeben ist, bezieht sich die Zinsrechnung auf **ein Jahr**.

Beispiel

Welches Angebot sollte Simon wählen?

Lösung:

- **Sparkasse Sparfreund**

  1 % von 800 € sind 8 €. — Rechne **im Kopf**.

  2,5 % sind dann $2{,}5 \cdot 8\ € = 20\ €$.

  Er erhält nach einem Jahr 20 € Zinsen, sein Kapital beträgt dann 820 €.

- **Rund-Bank**

  1 % von 800 € sind 8 €.

  4 % sind dann $4 \cdot 8\ € = 32\ €$.

  Er erhält nach einem Jahr 32 € Zinsen. Sein Kapital beträgt jedoch:

$$\begin{array}{rl} & 800\ € \\ + & 32\ € \\ - & 25\ € \text{ (Bearbeitungsgebühr)} \\ \hline & 807\ € \end{array}$$

Simon sollte das 1. Angebot wählen.

28 Berechne die fehlenden Daten.

	Kapital	Zinsen	Zinssatz
a)	1 200 €		7,5 %
b)	4 380 €		2,8 %
c)		837,50 €	7,5 %
d)		100 000 €	9,5 %
e)	945 €	13,02 €	
f)	96 000 €	1 760 €	

29 Was ist hier jeweils gesucht? Berechne im Kopf und finde die Lösung im Sparstrumpf.

a) 5 % Zinsen für 2 000 €

b) 2 Cent Zinsen für 1 €

c) für 2 Mio. € 20 000 € Zinsen

d) 40 € sind 10 % des Kapitals

e) 120 € Zinsen für 4 000 € Kapital

30 Herr Wössner überzieht sein Girokonto um 2 500 €. Der Zinssatz beträgt 13 %. Wie viele Schulden hätte Herr Wössner, wenn er das Geld erst nach einem Jahr wieder einzahlen könnte?

31 Familie Böck braucht für ihren Hausanbau einen Kredit über 10 000 €. Sie überprüft die Kreditanzeigen. Berate die Familie.

Sofortkredit für 1 Jahr

10 000 €
Kredit

Nur 1 350 € Zinsen

Brauchen Sie Hilfe?

z. B.
15 000 € für 1 Jahr

Rückzahlung 17 250 €

1-Jahr-Barkredit

10 000 €

75 € für die Bearbeitung und nur 5,75 % Zinsen

32 Vergleiche die Angebote. Welche Bank bietet den besten Zinssatz?

33 Für sein Kapital bekommt Herr Reisner 60 € Jahreszinsen.
Wie viel Euro Zinsen würde er erhalten für …

a) doppelt so viel Kapital?

b) das gleiche Kapital bei doppelt so hohem Zinssatz?

c) 3-mal so viel Kapital und bei doppelt so hohem Zinssatz?

d) das halbe Kapital bei doppeltem Zinssatz?

Überprüfe deine Ergebnisse, wenn du davon ausgehst, dass Herr Reisner 4 800 € angelegt hat.

Rationale Zahlen

Von Eisbergen im offenen Meer kann man nur den kleinen Teil sehen, der sich über der Wasseroberfläche befindet. Der größte Teil der Eismasse liegt verborgen unter dem Meeresspiegel.
Höhenangaben, die über dem Meeresspiegel liegen, bezeichnet man mit **„über NN (Normalnull)“**, Angaben unter dem Meeresspiegel mit **„unter NN“**.
Um sinnvoll mit solchen Angaben zu arbeiten, helfen dir die Rechenregeln für rationale Zahlen.

1 Grundbegriffe

Hannah möchte am Wochenende zum Skifahren gehen und schaut sich die Wettervorhersage für die Zugspitze an: „Am Samstag ist es ja schon ziemlich kalt, aber am Sonntag sind die Temperaturen noch niedriger!“ Hat Hannah recht?

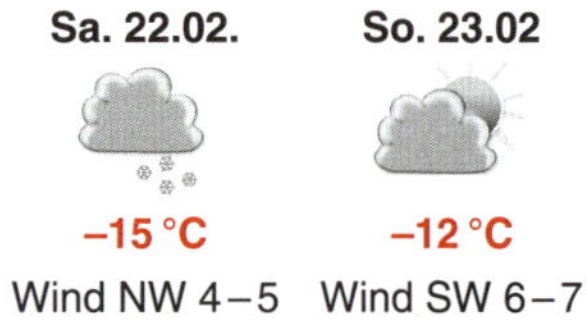

- Unter **rationalen Zahlen** versteht man alle **ganzen Zahlen** sowie alle positiven und negativen **Brüche**.
- Die negativen Zahlen liegen dabei bezüglich des Nullpunkts symmetrisch zu den positiven Zahlen. Man sagt: –3 ist die **Gegenzahl** zu +3.

Beispiel

Lies die markierten rationalen Zahlen von der Zahlengeraden ab.

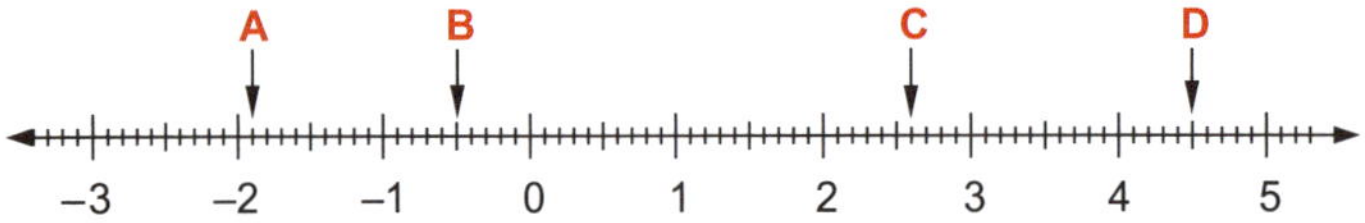

Lösung:

A $-1{,}9$

B $-\frac{1}{2} = -0{,}5$

C $2{,}6$

D $4\frac{1}{2} = 4{,}5$

Brüche können auch als Dezimalzahl geschrieben werden.

Negative Zahlen erkennt man am **Minuszeichen** (–) vor der Zahl. Das **Pluszeichen** (+) bei positiven Zahlen wird weggelassen. Man schreibt z. B. statt +2,6 nur 2,6.

34 Welche Zahlen sind hier jeweils markiert?

a) 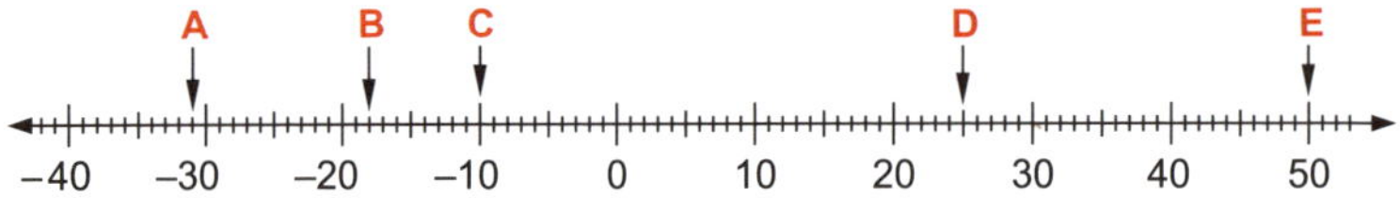

b) 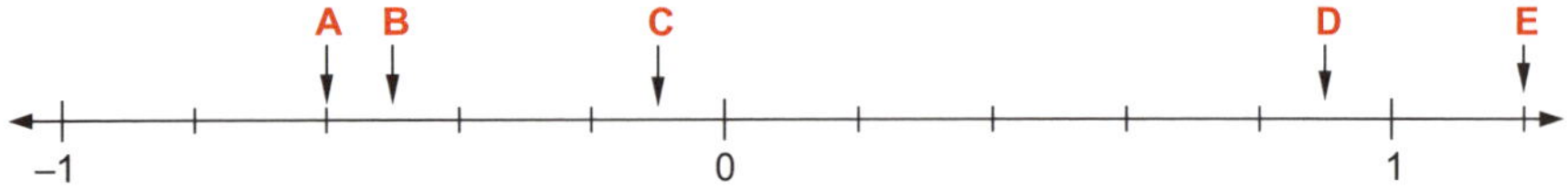

c) 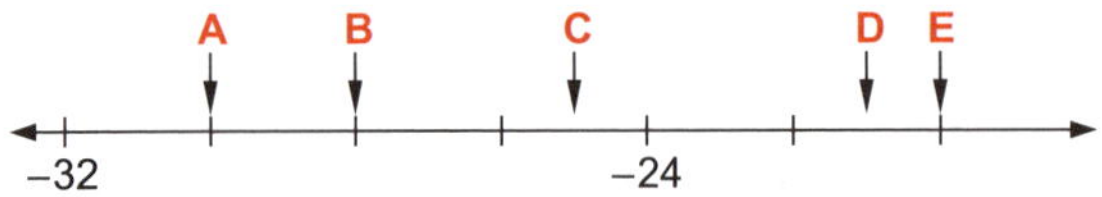

d) 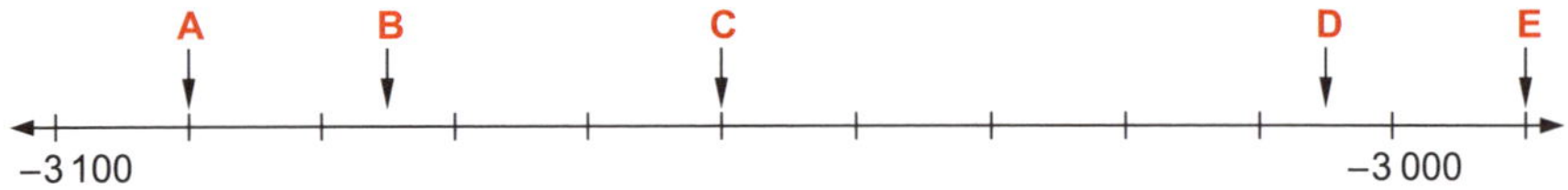

35 Zeichne eine geeignete Zahlengerade und markiere darauf folgende Werte:

-5 $\quad \frac{1}{5}$ $\quad 2{,}5$ $\quad -1\frac{1}{5}$ $\quad 3{,}9$ $\quad -1{,}5$ $\quad -\frac{3}{10}$

36 Ordne die Zahlen auf den Schneeflocken der Größe nach. Beginne dabei jeweils mit der kleinsten Zahl. Wie lautet das Lösungswort?

a) N $-2{,}02$ I $-2{,}2$ P -22 U $-0{,}02$ N 2 I $\frac{1}{2}$ G $-0{,}22$

Lösungswort: ☐☐☐☐☐☐☐

b) R $2\frac{3}{4}$ I $-\frac{3}{2}$ E $-3\frac{3}{4}$ S $-\frac{3}{4}$ E $1\frac{1}{4}$ A $\frac{1}{2}$ B $\frac{1}{4}$

Lösungswort: ☐☐☐☐☐☐☐

37 Ergänze die nächsten 4 Glieder jeder Zahlenfolge.

a) 3 0 –3 ____ ____ ____ ____

b) 50 30 10 ____ ____ ____ ____

c) –20 –14 –8 ____ ____ ____ ____

d) 1 $\frac{3}{4}$ $\frac{1}{2}$ ____ ____ ____ ____

38 Finde jeweils die Zahl, die genau zwischen den beiden angegebenen Zahlen liegt. Als Lösung erhältst du eine Zahlenfolge. Kannst du sie fortsetzen?

a) 3 und 0
b) 1 und –1
c) –1,75 und –1,25
d) –12 und 6

39 Liegt –2,4 näher bei –1,5 oder bei –3,5? Begründe.

2 Addition und Subtraktion

Der Wetterbericht vermeldet: „Schlechte Aussichten für Schneemänner. Heute ist es mit –4 °C zwar noch relativ kalt, aber im Laufe der Woche **steigen** die Temperaturen um 10 °C auf +6 °C.“

Beim Rechnen mit rationalen Zahlen ist es wichtig, dass du zwischen **Rechen-** und **Vorzeichen** unterscheidest.

> Bei der **Addition** von rationalen Zahlen unterscheidet man 2 Fälle:
>
> - Die **Vorzeichen** der beiden Summanden sind **gleich:**
>   Lasse die Vorzeichen weg, **addiere** die Zahlen und gib dem Ergebnis das gemeinsame Vorzeichen.
> - Die **Vorzeichen** der beiden Summanden sind **verschieden:**
>   Lasse die Vorzeichen weg und **subtrahiere** die jetzt kleinere Zahl von der größeren Zahl. Gib dem Ergebnis das Vorzeichen der größeren Zahl.

Beispiele

1. $(-25)+(-5)=$
$-(25+5)=-30$

Beide Zahlen haben ein „–“ als Vorzeichen. **Addiere** 25 und 5 und gib dem Ergebnis ein „–“ als Vorzeichen.

2. $(-4)+(+10)=$
$+(10-4)=+6$

Die Vorzeichen der Zahlen sind verschieden. **Subtrahiere** 4 von 10. Das Vorzeichen der größeren Zahl ist „+“.

3. $(-6)+(+4)=$
$-(6-4)=-2$

Subtrahiere 4 von 6 und gib dem Ergebnis ein „–“ als Vorzeichen.

> Bei der **Subtraktion** von 2 rationalen Zahlen **addiere** zum Minuenden (die Zahl, von der subtrahiert wird) die **Gegenzahl** des Subtrahenden (die Zahl, die subtrahiert wird). Rechne dann wie bei der Addition von 2 rationalen Zahlen.

Beispiele

1. $+3-(+2)=$
$+3+(-2)=$
$+(3-2)=+1$

Die **Gegenzahl** zum **Subtrahenden** +2 ist –2. Der **Minuend** ist +3. Du erhältst eine Addition mit verschiedenen Vorzeichen.

2. $-12-(+16)=$
$-12+(-16)=$
$-(12+16)=-28$

Die **Gegenzahl** zu +16 ist –16.
Das Vorzeichen der beiden Summanden ist „–“.

3. $10-(-20)=$
$10+(+20)=+30$

Die **Gegenzahl** zu –20 ist +20. Du erhältst eine Addition mit gleichen Vorzeichen.

Meist ist es sinnvoll, aufeinanderfolgende Vor- und Rechenzeichen durch ein Rechenzeichen zu ersetzen.

- Sind **Vor- und Rechenzeichen** einer Zahl **gleich**, so kannst du die Zeichen zu einem **Plus**-Rechenzeichen zusammenfassen.
- Sind **Vor- und Rechenzeichen** einer Zahl **verschieden**, so kannst du die Zeichen zu einem **Minus**-Rechenzeichen zusammenfassen.

Beispiele

1. $1-(-4)=$
$1+4=5$

Vor- und Rechenzeichen sind **gleich:**
⊖⊖ → ⊕

2. $6+(-2)=$
$6-2=4$

Vor- und Rechenzeichen sind **verschieden:**
⊕⊖ → ⊖

40 Ersetze aufeinanderfolgende Vor- und Rechenzeichen durch ein Rechenzeichen und löse die Aufgaben im Kopf.
Du erhältst jeweils eine Zahlenfolge. Kannst du sie fortführen?

a) $12+(-6)=$
$12+(-4)=$
$12+(-2)=$
$12+0=$
$12+(+2)=$
$12+(+4)=$

b) $15-(+5)=$
$15-(+3)=$
$15-(+1)=$
$15-(-1)=$
$15-(-3)=$
$15-(-5)=$

41 Ergänze die fehlenden Werte in der Rechenmauer. Die Summe von 2 Zahlen in benachbarten Würfeln steht dabei in dem Würfel darüber. Rechne im Kopf.

a)

b)
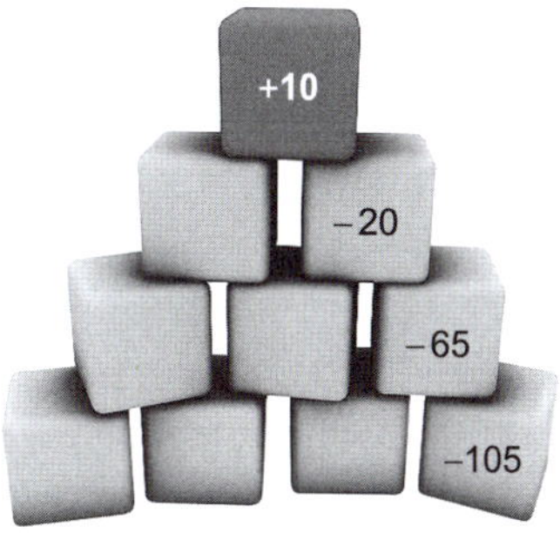

42 Löse zuerst die Aufgaben im Kopf und berechne dann die Summe aller Ergebnisse.

a) $-16+(-12)$

b) $-20+(-12)-(+30)$

c) $-1{,}8-(+1{,}2)$

d) $0{,}75-62{,}259$

43 Finde zu jeder Rechnung das richtige Ergebnis. Wie lautet das Lösungswort?

I	$-5{,}2+(-4{,}9)$	$-87{,}83$	☐
A	$-92{,}08-(-4{,}25)$	$4{,}86$	☐
K	$79{,}5-(+62{,}45)$	$17{,}05$	☐
S	$-125{,}4-(-79)$	$51{,}67$	☐
T	$64{,}17+(-12{,}5)$	$-10{,}1$	☐
R	$4{,}9-(+0{,}04)$	$-46{,}4$	☐

44 Bei sogenannten Magischen Quadraten ergeben die Zahlen in den Zeilen, Spalten und Diagonalen immer die gleiche Summe.
Vervollständige die abgebildeten Quadrate.

a)

0	−2	−4
		1

b)

	14	
6	−38	−4

45 Tims aktueller Kontostand beträgt 15 €.
Wie viel Geld hat er am Ende der Woche noch, wenn er Folgendes unternimmt:

Montag	Dienstag	Mittwoch	Donnerstag	Freitag	Samstag
			Geschenk für		☺
Kino		Freibad	Bruder kaufen		
6,50 €		4,20 €	11,90 €	Verdienst für	
				1 Stunde	Sonntag
				Nachhilfe	
				10,00 €	

46 Im Jahr 2011 n. Chr. erzählt Herr Müller im Unterricht:
„Vor 2 764 Jahren wurde Rom gegründet."
Wann war das?

47 Ein Hochhaus hat 52 Stockwerke, 6 davon liegen unter der Erde.
In welchem Stockwerk landest du, wenn du von der Straße, also ebenerdig, einsteigst und 15 Stockwerke nach oben fährst, dann 20 Stockwerke nach unten und schließlich nochmals 12 Stockwerke nach oben?

48 Schreibe als Rechenaufgabe und löse.
Welche Temperatur kannst du jeweils von dem Thermometer ablesen, wenn die Temperatur …

a) von 8 °C um 4 °C gestiegen ist?
b) von –4 °C um 8 °C gestiegen ist?
c) von 8 °C um 4 °C gefallen ist?
d) von –8 °C um 4 °C gefallen ist?

49 In den Niederlanden gibt es Städte, die unter NN liegen (d. h. unter Normalnull = unter dem Meeresspiegel). So liegt z. B. Rotterdam 6,5 m unter NN, Alkmaar liegt 3,5 m unter NN.
Wie hoch müsste in beiden Orten jeweils ein Haus sein, damit dessen höchster Punkt 10 m über NN liegt?

3 Multiplikation und Division

Bei der Multiplikation und Division von rationalen Zahlen musst du folgende **Rechenregeln** beachten.

- Haben die beiden Zahlen, die multipliziert oder dividiert werden, das **gleiche Vorzeichen**, ist das Ergebnis **positiv**.
  $\oplus \cdot \oplus \rightarrow \oplus$ $\ominus \cdot \ominus \rightarrow \oplus$
  $\oplus : \oplus \rightarrow \oplus$ $\ominus : \ominus \rightarrow \oplus$
- Haben die beiden Zahlen **verschiedene Vorzeichen**, ist das Ergebnis **negativ**.
  $\oplus \cdot \ominus \rightarrow \ominus$ $\ominus \cdot \oplus \rightarrow \ominus$
  $\oplus : \ominus \rightarrow \ominus$ $\ominus : \oplus \rightarrow \ominus$

Beispiele

1. $+3 \cdot (+5) = +15$ — Beide Vorzeichen sind positiv, also ist das Ergebnis ebenfalls **positiv**.

2. $-15 : (-3) = +5$ — Beide Vorzeichen sind negativ, also ist das Ergebnis **positiv**.

3. $-3 \cdot (+5) = -15$ — Ein Vorzeichen ist negativ, das andere ist positiv, das Ergebnis ist also **negativ**.

4. $+15 : (-3) = -5$

50 Ergänze jeweils das richtige Vorzeichen.

a) $-6 : 2 = \ \ 3$

b) $25 : (-12{,}5) = \ \ 2$

c) $-4 : (\ \ 1) = 4$

d) $\ \ 0{,}7 \cdot (-3) = -2{,}1$

e) $8 \cdot (\ \ 1{,}2) = -9{,}6$

f) $-1{,}44 : (-0{,}12) = \ \ 12$

51 Multipliziere jeweils die Zahlen im äußeren Ring mit den Zahlen im inneren Ring, dann erhältst du als Ergebnis die Zahl im Zentrum.

a)

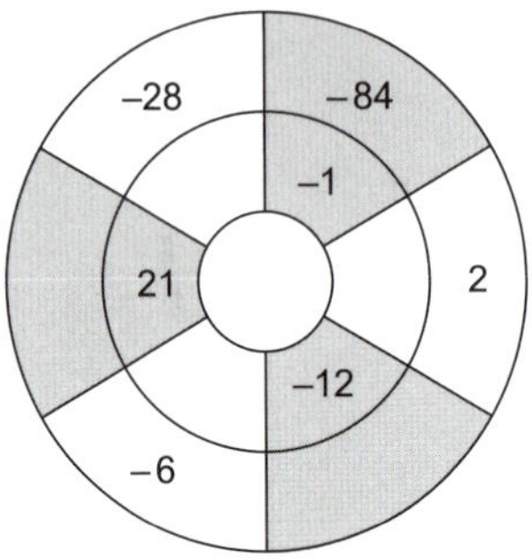

b)

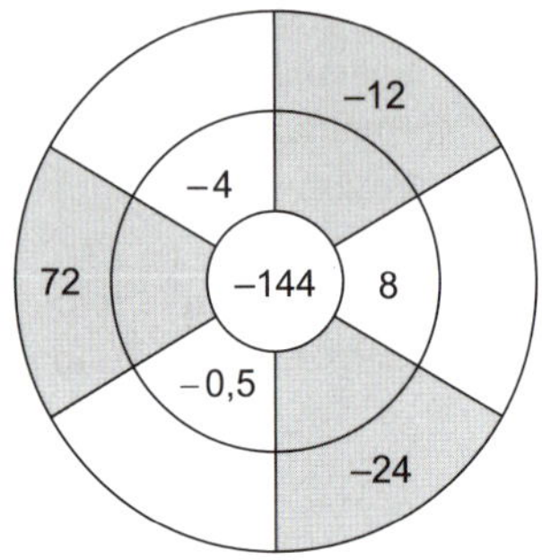

52 Schreibe jeweils als Multiplikation und berechne.

a) $(+6) + (+6) + (+6)$

b) $(-7) + (-7) + (-7)$

c) $(+1{,}2) + (+1{,}2) + (+1{,}2) + (+1{,}2)$

d) $(-0{,}2) + (-0{,}2) + (-0{,}2) + (-0{,}2)$

53 Löse die Zahlenrätsel.

a) Subtrahiere 5 von der Differenz von –3 und –2.

b) Dividiere die Summe der Zahlen –5 und –13 durch –3.

c) Dividiere das Produkt der Zahlen –42 und 0,5 durch –7.

d) Addiere zur Summe von –1,3 und –2,7 das 3-Fache von –4.

54 Berechne die fehlenden Werte.

a)

$\cdot$	$\frac{1}{2}$	-2	
-2			
-5			-15
-8			

b)

$:$	-2	-1	
$\frac{1}{8}$			
-4			
$-\frac{2}{5}$			$\frac{1}{10}$

55 Löse die Aufgaben im Kopf.

a) $-2 \cdot (-8)$
b) $5 \cdot (-2)$
c) $8 \cdot (-4)$
d) $-2{,}2 : (-2)$
e) $-0{,}64 : 0{,}8$
f) $-2{,}25 : (-1{,}5)$
g) $\frac{3}{4} \cdot \left(-\frac{2}{5}\right)$
h) $-\frac{2}{3} \cdot (-3)$

56 Berechne. Denke daran: Punktrechnung geht vor Strichrechnung.

a) $2 \cdot (-4) + 8 \cdot (-4) + 8$
b) $-\frac{1}{5} + \frac{2}{5} \cdot (-10)$
c) $4 - (-1{,}2) - 2{,}6 + (-7) \cdot 5$
d) $-\frac{1}{4} + 2\frac{1}{2}$

57 Florian hat 80 € Schulden bei seinem Freund. Er sagt zu ihm: „Im nächsten Jahr zahle ich dir jeden Monat 5 € zurück, dann habe ich keine Schulden mehr.“
Wird Florians Freund damit zufrieden sein?

58

	Jan.	Feb.	März	Apr.	Mai	Juni
Max. Temperatur	−2 °C	0 °C	4 °C	9 °C	16 °C	20 °C
Min. Temperatur	−7 °C	−7 °C	−4 °C	0 °C	6 °C	10 °C

	Juli	Aug.	Sep.	Okt.	Nov.	Dez.
Max. Temperatur	22 °C	21 °C	15 °C	9 °C	3 °C	0 °C
Min. Temperatur	13 °C	12 °C	8 °C	3 °C	−1 °C	−4 °C

a) Berechne die durchschnittliche Monats- und Jahrestemperatur.

b) In welchem Monat ist der Temperaturunterschied am geringsten?

59 Die durchschnittliche Jahrestemperatur in Tromsø (Norwegen) beträgt 3 °C.

Jan.	Feb.	März	Apr.	Mai	Juni	Juli	Aug.	Sep.	Okt.	Nov.	Dez.
−3 °C	−4 °C	−3 °C	0 °C	4 °C	9 °C	12 °C	?	7 °C	3 °C	0 °C	−2 °C

a) Berechne den fehlenden Wert.

b) Zeichne ein Diagramm, aus dem man alle Temperaturen herauslesen kann.

Geometrie in der Ebene

Hier siehst du ein Gemälde des deutschen Künstlers Paul Klee. Es setzt sich aus vielen verschiedenen **geometrischen Flächen** wie Kreisen, Dreiecken, Trapezen, Rechtecken und Quadraten zusammen.
In diesem Kapitel wirst du vor allem viel über **Kreise**, deren **Umfang** und deren **Fläche** erfahren. Dazu benötigst du neben deinem Taschenrechner auch einen Bleistift, das Geodreieck und einen Zirkel.

1 Senkrechte und Mittelsenkrechte

Im Erholungsgebiet „Ruhige Seele“ befinden sich 2 Campingplätze. Durch das Gebiet soll ein neuer Radweg gebaut werden, der von beiden Campingplätzen **gleich weit** entfernt ist.
Für die Planung ist hier die **Mittelsenkrechte** hilfreich.

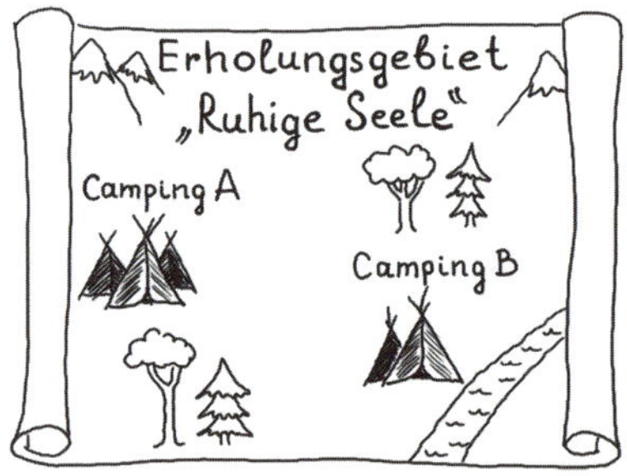

- Eine **Senkrechte s** (ein **Lot**) von einem Punkt P auf eine Gerade g ist die **Gerade**, die **durch P** geht und **senkrecht** auf g steht.
- Die zu einer Strecke [AB] senkrechte Symmetrieachse nennt man **Mittelsenkrechte m** der Strecke.
- Die Mittelsenkrechte **halbiert** die Strecke [AB] in M und alle Punkte, die auf der Mittelsenkrechten liegen, sind **gleich weit** von A und B entfernt.

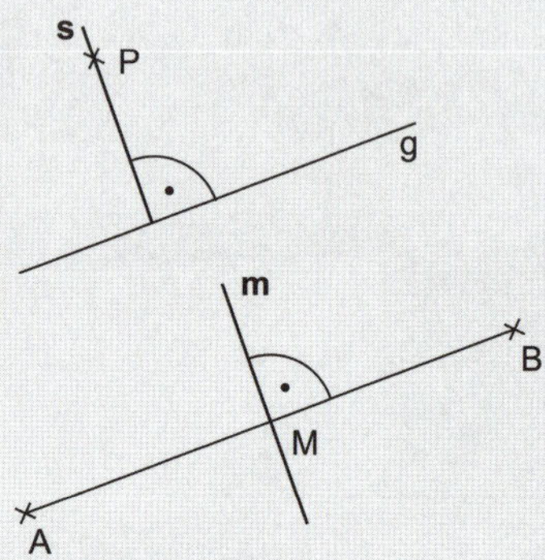

Beispiel

Wie muss der Radweg im Erholungsgebiet „Ruhige Seele“ verlaufen, damit er von beiden Campingplätzen gleich weit entfernt ist?

Lösung:

▶ **Mit dem Geodreieck**

Um den Verlauf des Radwegs herauszufinden, muss die **Mittelsenkrechte** zu [AB] gezeichnet werden. Dazu gibt es 2 Möglichkeiten.

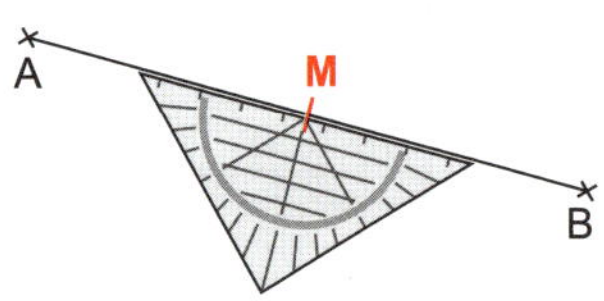

Stelle durch **Messen** mit dem Geodreieck den **Mittelpunkt M** der Strecke [AB] fest.

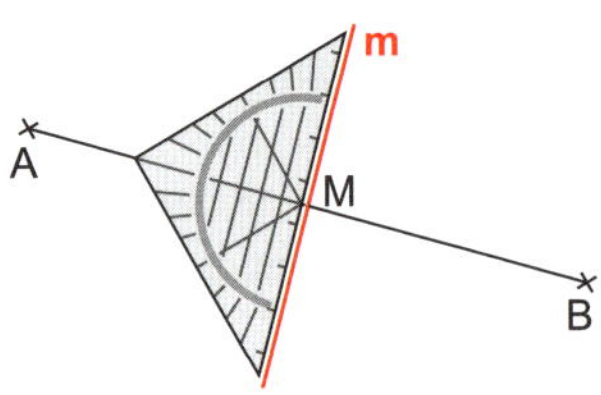

Zeichne nun mithilfe des Geodreiecks eine **senkrechte Gerade m** zu [AB] durch M.

Mit Zirkel und Lineal

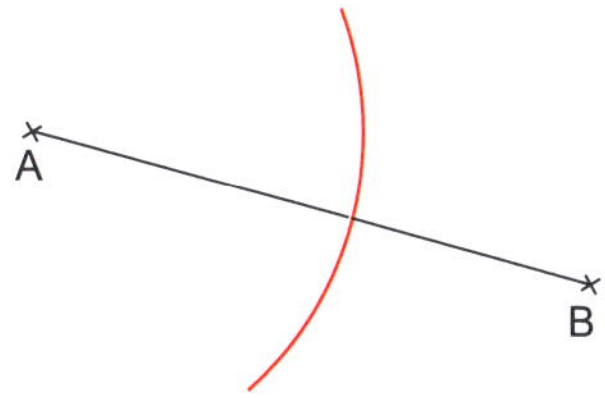

Zeichne um A einen **Kreisbogen**, der über die Mitte von [AB] geht.

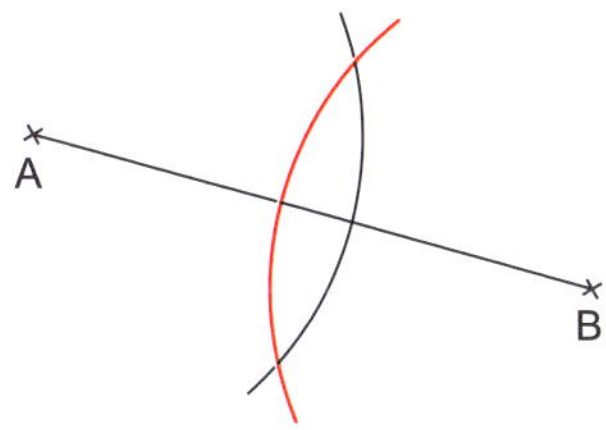

Zeichne um B einen Kreisbogen mit **demselben Radius**.

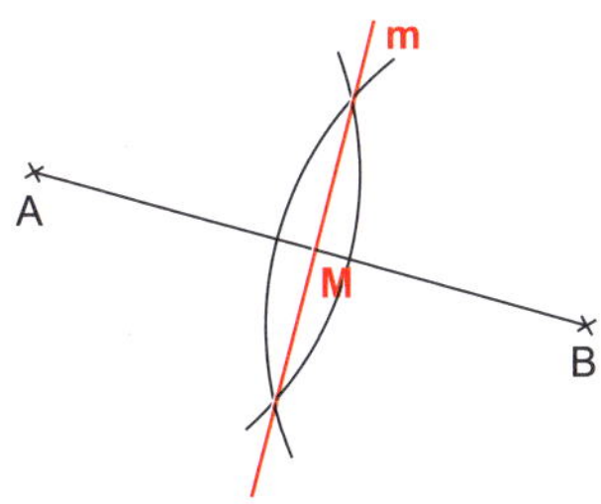

Verbinde nun die Schnittpunkte miteinander.

60 Zeichne die Mittelsenkrechte zur Strecke [AB] jeweils auf 2 Arten.

a) $\overline{AB} = 6\,\text{cm}$ b) $\overline{AB} = 70\,\text{mm}$

c) $\overline{AB} = 35\,\text{mm}$ d) $\overline{AB} = 5{,}5\,\text{cm}$

61 Zeichne folgende Vierecke und finde alle Mittelsenkrechten. Verbinde jetzt alle Mittelpunkte der einzelnen Seiten.
Welche neue Fläche entsteht jeweils?

a) Rechteck:
$a = 6$ cm
$b = 4$ cm

b) Parallelogramm:
$a = 4$ cm
$b = 3$ cm

62 Teile folgende Strecken in 4 gleich lange Teile.

a) $\overline{AB} = 6{,}8\,\text{cm}$ b) $\overline{CD} = 5{,}6\,\text{cm}$

63 Zeichne in diesem Dreieck jeweils die Mittelsenkrechte zu jeder Seite ein. Wenn du genau gezeichnet hast, treffen sie sich in einem Punkt S.

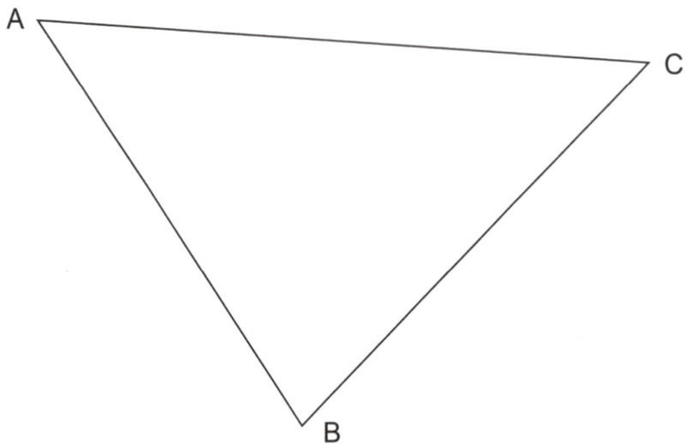

a) Kannst du das erklären?

b) Zeichne nun um den Schnittpunkt S der Mittelsenkrechten einen Kreis mit Radius $r = \overline{SB}$. Was stellst du fest?

64 A-Hausen und B-Dorf wollen eine gemeinsame Sporthalle bauen, die von beiden Orten gleich weit entfernt ist.

a) Wo könnte die Sporthalle liegen?

b) Wo muss die Sporthalle liegen, wenn sie direkt an der Straße liegen soll?

65 Zeichne in ein Koordinatensystem die Punkte A(2|2), B(9,5|3,5) und C(4|7) ein und verbinde sie zu einem Dreieck.
Zeichne zu jeder Seite das Lot ein, das durch den gegenüberliegenden Eckpunkt geht.

2 Kreise

Ein Kreis ist eine Linie, auf der alle Punkte die **gleiche Entfernung** vom Kreismittelpunkt M haben. Diese Entfernung nennt man **Radius r**.

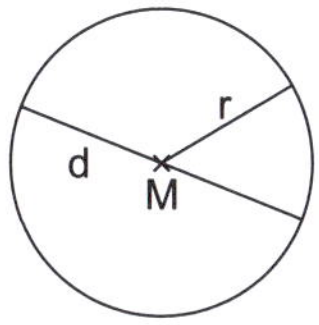

Der **Durchmesser d** eines Kreises ist immer doppelt so groß wie der **Radius r**:
$d = 2 \cdot r$

Beispiel

Gib den Durchmesser und den Radius des abgebildeten Kreises an.

Lösung:

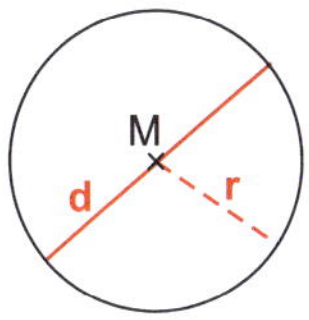

$r = 1$ cm
$d = 2 \cdot 1$ cm
$d = 2$ cm

Du kannst den Durchmesser und den Radius mit deinem Geodreieck **abmessen** oder nur eine Länge messen und die andere Länge **berechnen**.

66 Zeichne diese Figuren mit Geodreieck und Zirkel genau ab.

a)

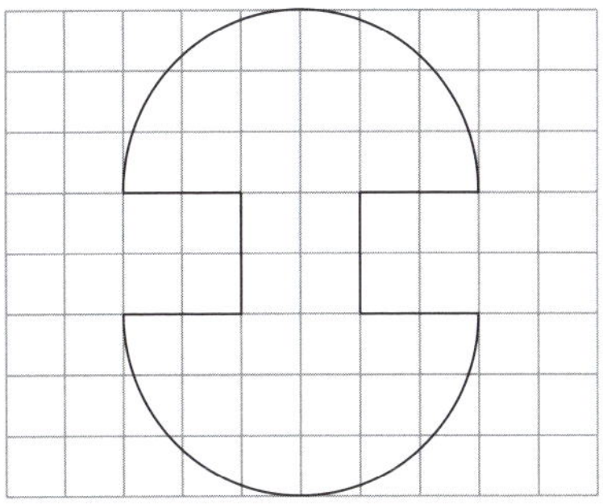

b)

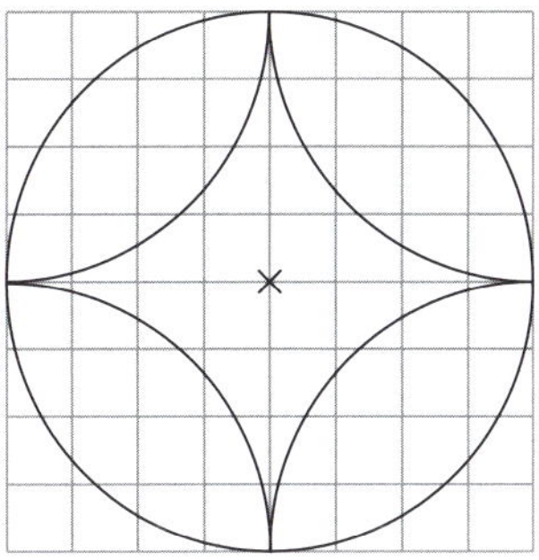

c)

d)

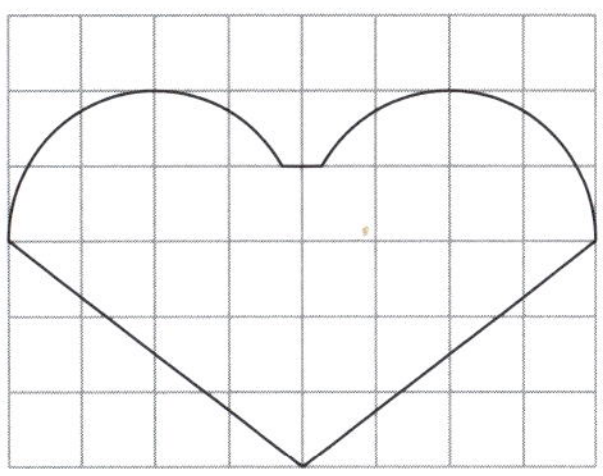

67 Zeichne in ein Koordinatensystem einen Kreis mit $M_1(4|2)$, $r_1 = 2{,}5$ cm und einen Kreis mit $M_2(3|5)$, $d_2 = 8$ cm ein. Gib ihre Schnittpunkte an.

3 Umfang und Flächeninhalt von Kreisen

Wenn sich der Reifen eines Fahrrades **einmal** dreht, legt er eine bestimmte Strecke zurück. Diese Strecke entspricht dem **Umfang** des Reifens.

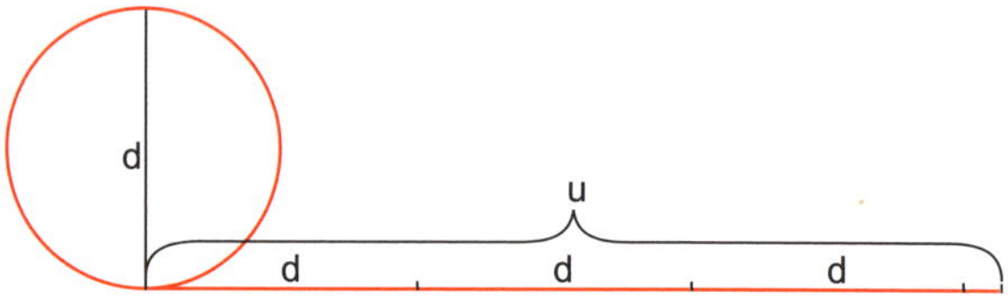

- Der **Kreisumfang u** lässt sich mithilfe der **Kreiszahl π** (sprich: **pi**) berechnen:
  $\mathbf{u = \pi \cdot d}$
  $\mathbf{u = 2 \cdot \pi \cdot r}$
- π gibt das **Verhältnis** zwischen dem Umfang eines Kreises und seinem Durchmesser an.
- Es gilt: $\boldsymbol{\pi = 3{,}14159265}$... Meist genügt es, mit dem Näherungswert $\boldsymbol{\pi \approx 3{,}14}$ zu rechnen. Der Umfang eines Kreises ist also immer etwas mehr als 3-mal so groß wie sein Durchmesser.

Beispiele

1. Berechne den Umfang eines Kreises mit $d = 6$ cm.

Lösung:

$u = \pi \cdot d$ — Setze $\pi \approx 3{,}14$ und $d = 6$ cm in die Formel ein.

$u = 3{,}14 \cdot 6$ cm

$u = 18{,}84$ cm

2. Berechne den Umfang eines Kreises mit $r = 10{,}5$ cm.

Lösung:

$u = 2 \cdot \pi \cdot r$ — Setze $\pi \approx 3{,}14$ und $r = 10{,}5$ cm in die Formel ein.

$u = 2 \cdot 3{,}14 \cdot 10{,}5$ cm

$u = 65{,}94$ cm

3. Der Umfang eines Kreises beträgt 2 m. Berechne den Radius.

Lösung:

$u = \pi \cdot d$ — Setze $\pi \approx 3{,}14$ und $u = 2$ m $= 200$ cm in die Formel ein und löse nach d auf.

$200 \text{ cm} = 3{,}14 \cdot d \quad |:3{,}14$

$d \approx 63{,}69$ cm

Der Durchmesser beträgt 63,69 cm. Der Radius ist dann 31,845 cm lang.

68 Zeichne 4 Kreise mit $r_1 = 0{,}5$ cm, $r_2 = 10$ mm, $d_3 = 3$ cm und $d_4 = 40$ mm. Alle Kreise sollen denselben Mittelpunkt haben.
Berechne und vergleiche die Umfänge.

69 Ergänze die fehlenden Werte der Kreise. Runde auf 2 Dezimalstellen, falls nötig.

	Radius r	Durchmesser d	Umfang u
a)	3,5 mm		
b)		0,75 m	
c)		220 cm	
d)			31,4 cm
e)			100 m

70 Berechne jeweils den Umfang der Kreise. Entnimm die benötigten Maße den Zeichnungen.

a)

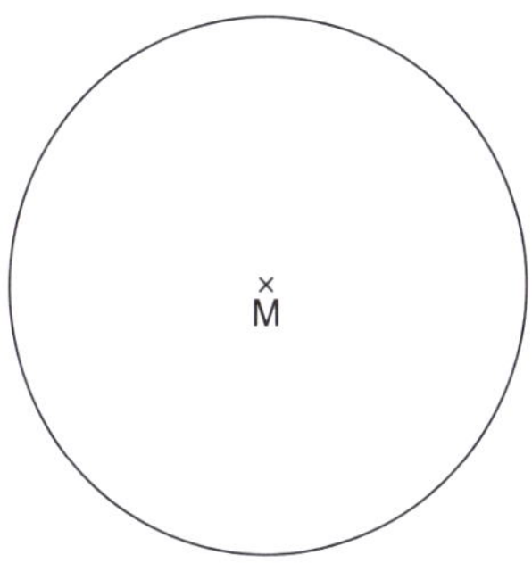

b)

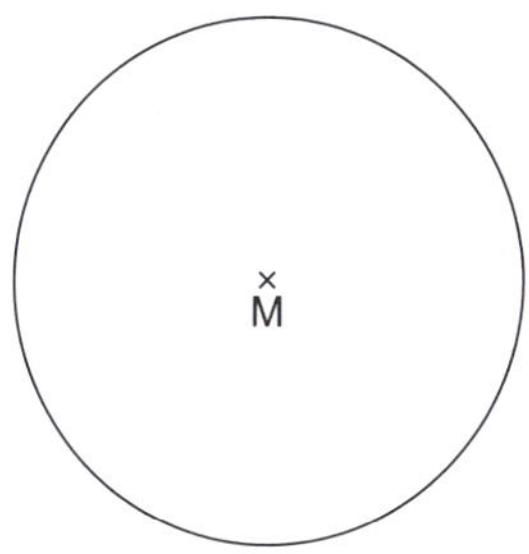

71 Laut Hersteller kann man mit einem Autoreifen 30 000 km fahren.
Wie oft hat sich ein Reifen dabei gedreht, wenn er einen Durchmesser von 13 Zoll hat? Runde sinnvoll.

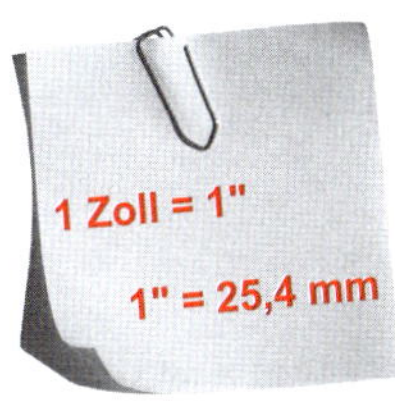

72 Auch bei Fahrrädern wird der Reifendurchmesser in Zoll angegeben.
Wie oft drehen sich die Reifen dieser Fahrräder bei einer Strecke von 1 km?

Rennrad 28"

Mountainbike 26"

BMX 20"

73 Zu Beginn eines Fußballspieles muss der Ball einen Umfang zwischen 68 cm und 71 cm haben. Berechne den minimalen und den maximalen Durchmesser.

74 Berechne jeweils den Umfang der Figuren. Entnimm die benötigten Maße den Zeichnungen.

a)

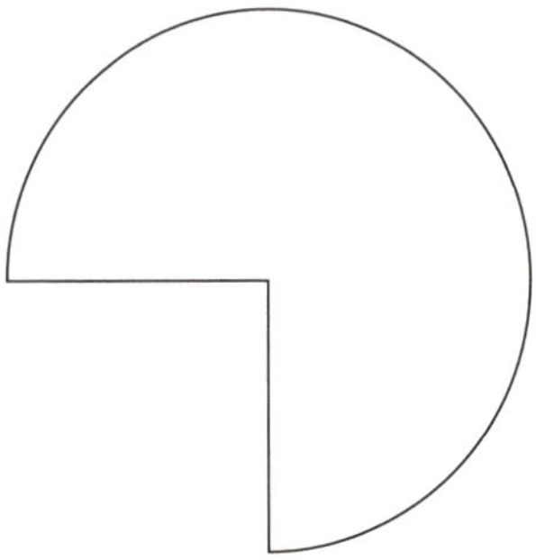

b)

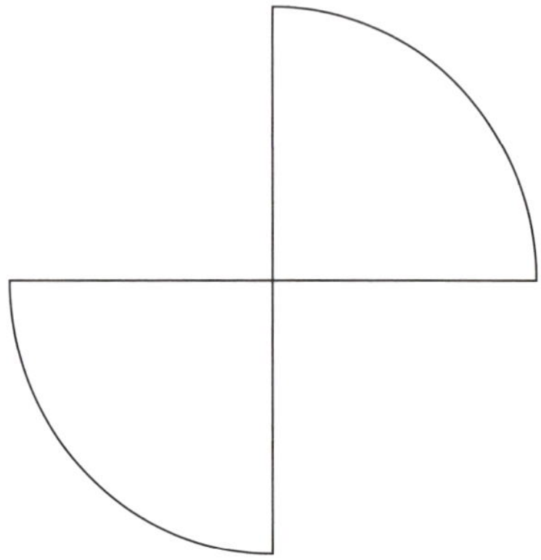

c)

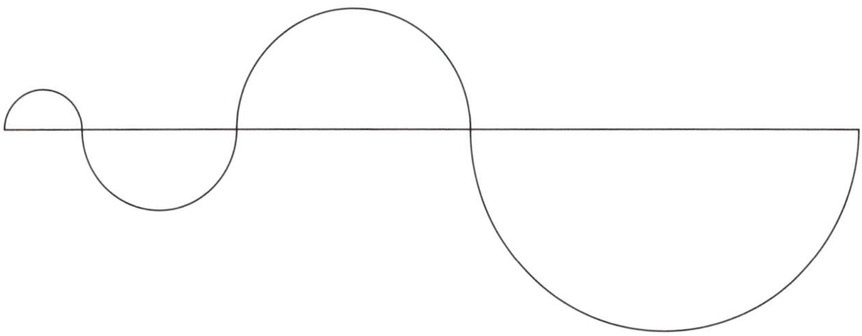

75 Die Kuppel des Petersdoms ist das größte freitragende Ziegelbauwerk der Welt.
Um den tollen Ausblick auf das Innere des Doms zu genießen, kann man innen rund um die Kuppel laufen.

a) Vera benötigt 190 Schritte, um die Kuppel zu umrunden. Schätze: Wie lang ist die Strecke, die Vera zurückgelegt hat?

b) Vera weiß, dass der Durchmesser der Kuppel 42,34 m beträgt.
Überlege, wie man mit diesem Wissen einen Näherungswert für π berechnen könnte.

Für den **Flächeninhalt** eines Kreises gilt:
$A = \pi \cdot r \cdot r$
$\mathbf{A = \pi \cdot r^2}$

Beispiele

1. Berechne den Flächeninhalt eines Kreises mit $r = 5$ cm.

Lösung:
$A = \pi \cdot r^2$
$A = 3{,}14 \cdot (5\text{ cm})^2$
$A = 3{,}14 \cdot 25\text{ cm}^2$
$A = 78{,}5\text{ cm}^2$

Setze $\pi \approx 3{,}14$ und $r = 5$ cm in die Formel ein.

2. Berechne den Flächeninhalt eines Kreises mit $d = 15$ cm.

Lösung:
$A = \pi \cdot r^2$
$A = 3{,}14 \cdot (15\text{ cm} : 2)^2$
$A = 3{,}14 \cdot 56{,}25\text{ cm}^2$
$A = 176{,}625\text{ cm}^2$

Zur Berechnung benötigst du den **Radius**. Halbiere dazu den Durchmesser.

76 Berechne die Flächeninhalte der Kreise. Entnimm die Maße der Zeichnung.

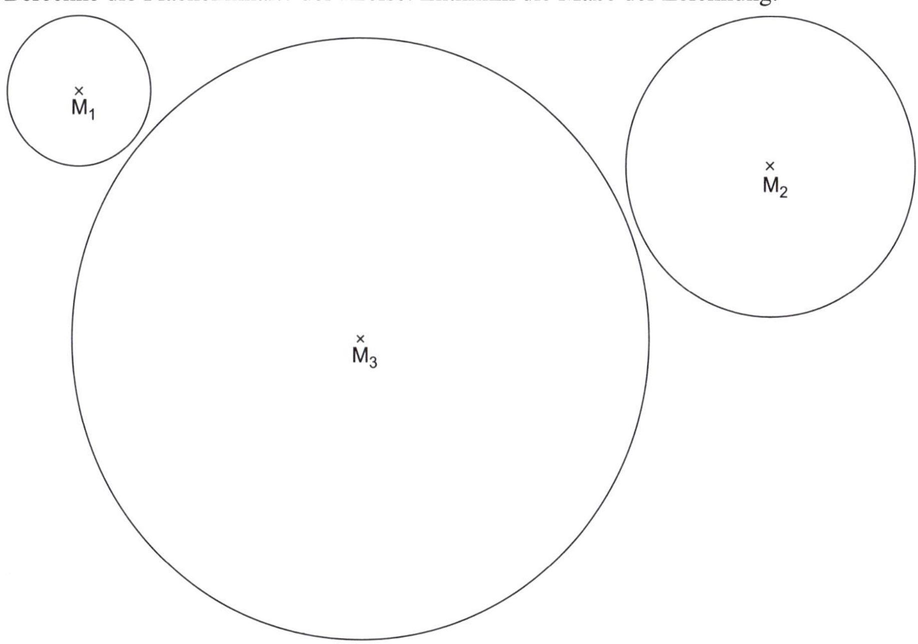

Was fällt dir auf?

77 Ergänze die fehlenden Werte der Kreise.

	Radius r	Durchmesser d	Fläche A
a)	80 mm		
b)		25 cm	
c)		0,1 m	
d)	32 dm		

78 Der Mittelkreis eines Basketballfeldes hat einen Radius von 1,8 m. Berechne den Flächeninhalt des Kreises. Runde auf eine Dezimalstelle.

79 Berechne den Flächeninhalt der grauen Flächen. Gib das Ergebnis in cm^2 und dm^2 an.

a)

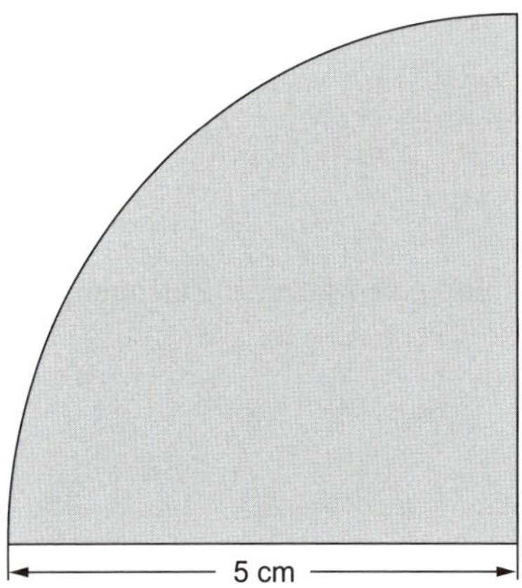

b)

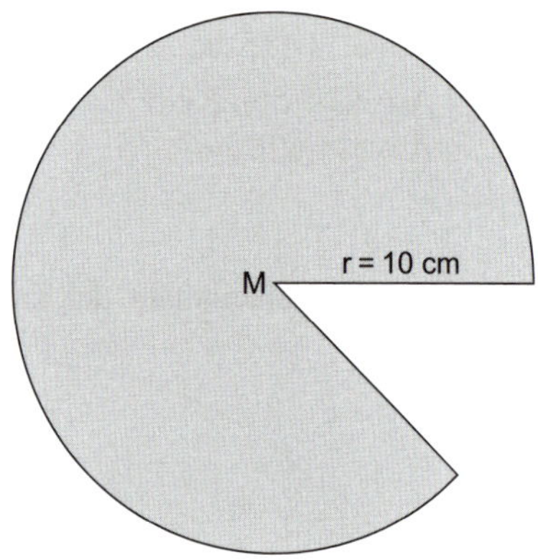

80 Berechne den Flächeninhalt der grauen Flächen. Entnimm benötigte Maße den Zeichnungen und gib das Ergebnis in mm^2 und cm^2 an.

a)

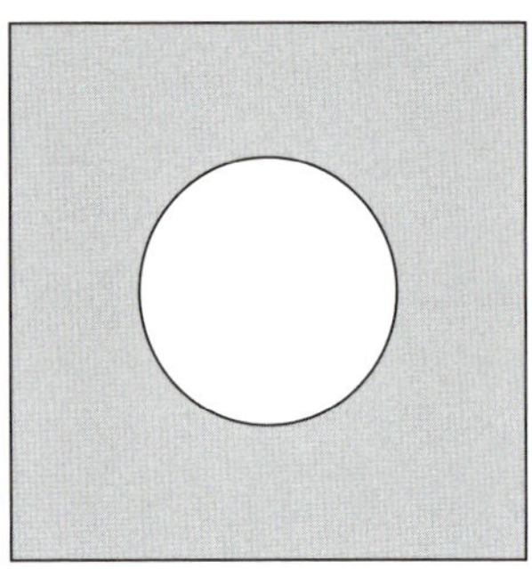

b)

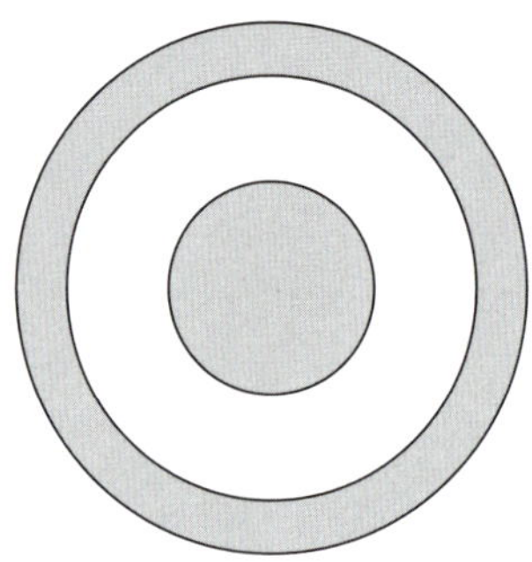

81 Aus einem DIN-A4-Blatt (210 mm × 297 mm) soll ein möglichst großer Kreis ausgeschnitten werden. Schätze den Abfall in Prozent und berechne dann.

82 In einer Pizzeria gibt es 3 unterschiedliche Größen von Pizzas:
Mini: d = 18 cm Preis: 2,70 €
Midi: d = 24 cm Preis: 5,40 €
Maxi: d = 36 cm Preis: 10,80 €
Sind die Preise gerecht?

83 Eine Regentonne hat einen Durchmesser von 58 cm. Zum Abdecken der Tonne wird eine kreisrunde Sperrholzplatte angefertigt, die seitlich überall 50 mm übersteht. Berechne die Fläche der Holzplatte.

84 Im Waldparkstadion sollen der Rasen und die Tartanbahn grundlegend erneuert werden. Die Tartanbahn ist 6 m breit, der Belag kostet 48 € pro m^2 inklusive Arbeitszeit. Der Rollrasen kostet 18 € pro m^2, für die Verlegung rechnet man mit 4,25 € pro m^2.
Berechne die Gesamtkosten.

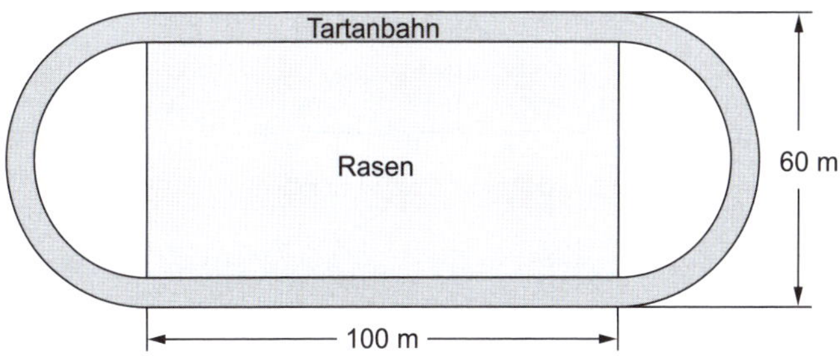

85 Kreuze entsprechend an.

	wahr	falsch
a) Der Radius eines Kreises ist doppelt so groß wie sein Durchmesser.	☐	☐
b) Der Durchmesser eines Kreises ist doppelt so groß wie der Radius.	☐	☐
c) Ein Kreis mit dem Radius r = 1 m hat einen Umfang von 3,14 m.	☐	☐
d) Ein Kreis mit dem Radius r = 1 m hat eine Fläche von 3,14 m^2.	☐	☐
e) Verdoppelt man den Radius eines Kreises, so verdoppelt sich auch der Flächeninhalt des Kreises.	☐	☐

4 Zusammengesetzte Flächen

Hier siehst du noch einmal das Bild vom Kapitelanfang. Über Kreise hast du auf den letzten Seiten schon viel gelernt und auch die Formeln für den Flächeninhalt von **Dreiecken, Trapezen, Rechtecken** und **Quadraten** kennst du bereits. Die meisten zusammengesetzten Flächen bereiten dir jetzt also keine Probleme mehr.

> Um den Flächeninhalt **zusammengesetzter Flächen** zu berechnen, ist es notwendig, sie geschickt in **bekannte Teilflächen** zu zerlegen und anhand dieser Teilflächen die gesamte Fläche zu berechnen.

Beispiele

Die Flächenformel folgender Formen solltest du kennen:

- **Dreieck**

  $A = \frac{g \cdot h}{2}$

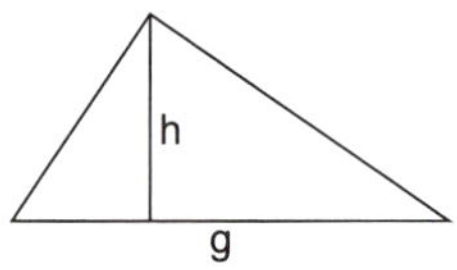

- **Rechteck**

  $A = a \cdot b$

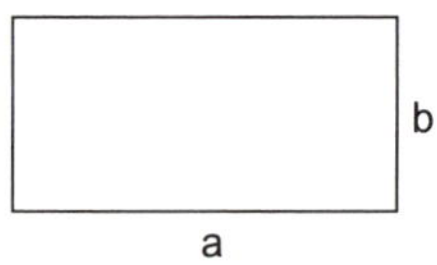

- **Parallelogramm**

  $A = g \cdot h$

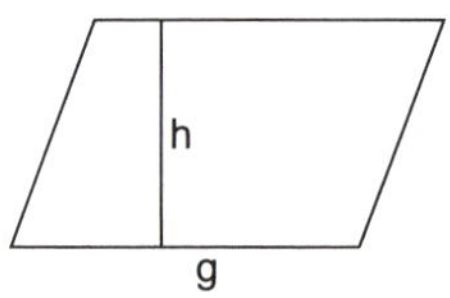

- **Trapez**

  $A = \left(\frac{a + c}{2}\right) \cdot h$

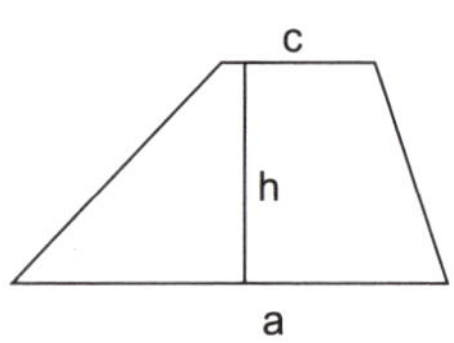

- **Kreis**

  $A = \pi \cdot r^2$

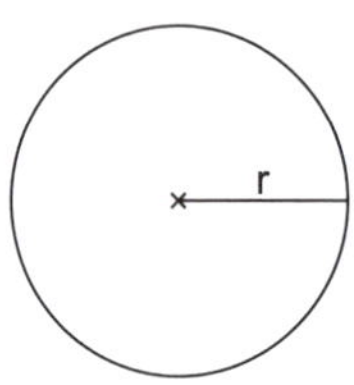

86 Berechne jeweils den Flächeninhalt. Entnimm die Maße den Zeichnungen.

a)

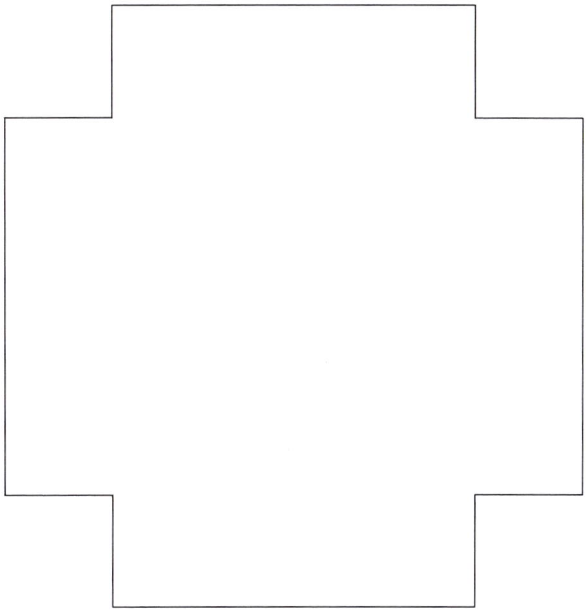

b)

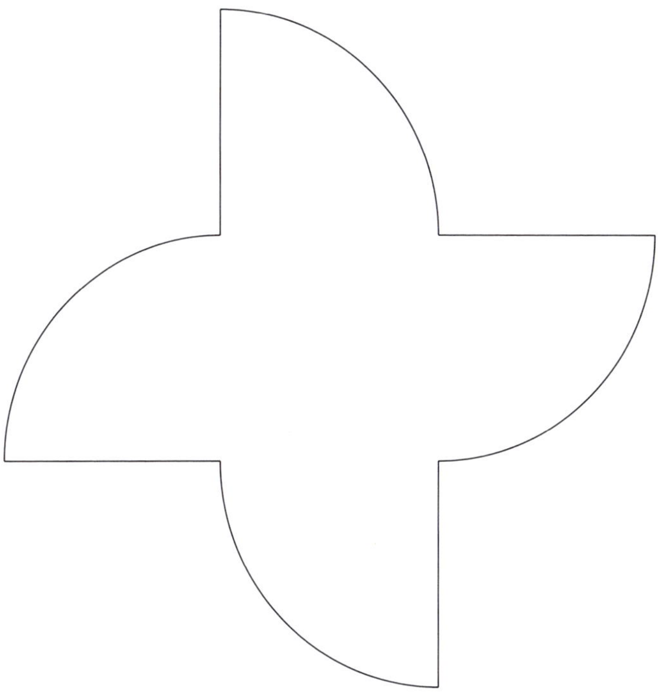

87 Berechne den Flächeninhalt der grauen Flächen. Gib das Ergebnis in cm^2, dm^2 und m^2 an.

a)

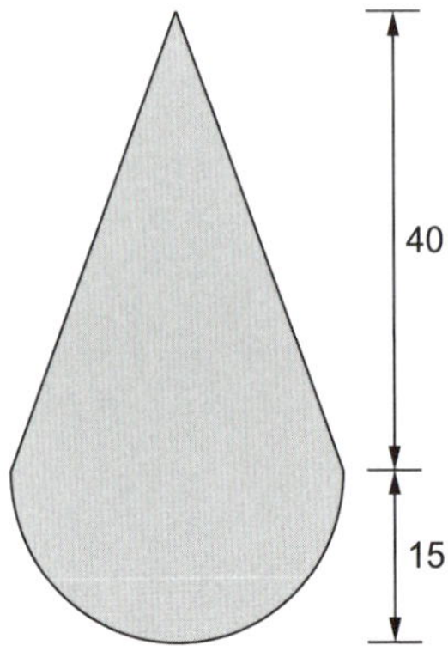

b)

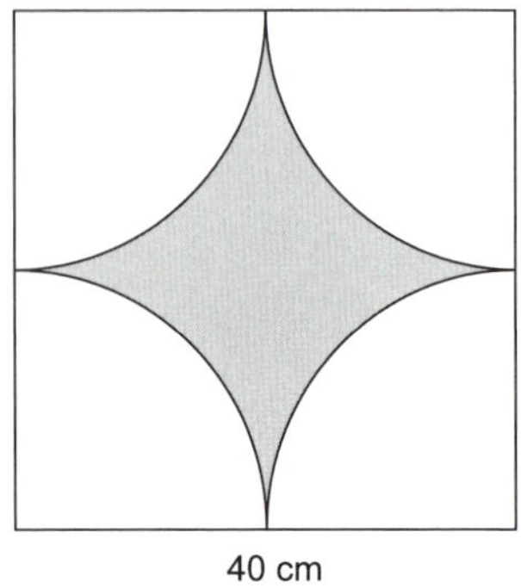

88 Bestimme näherungsweise die Größe der Inseln. Achte jeweils auf den Maßstab.

a)

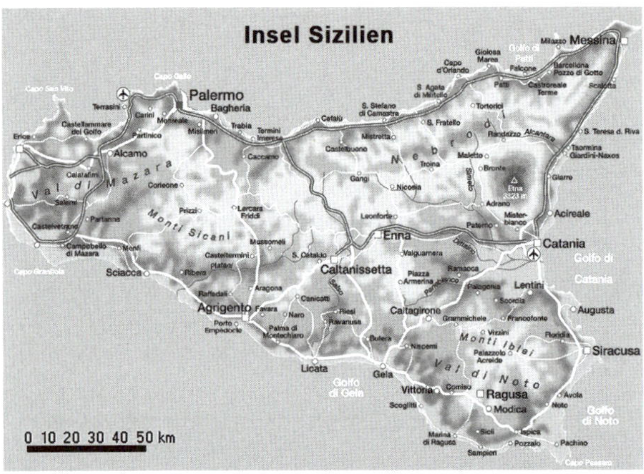

b)

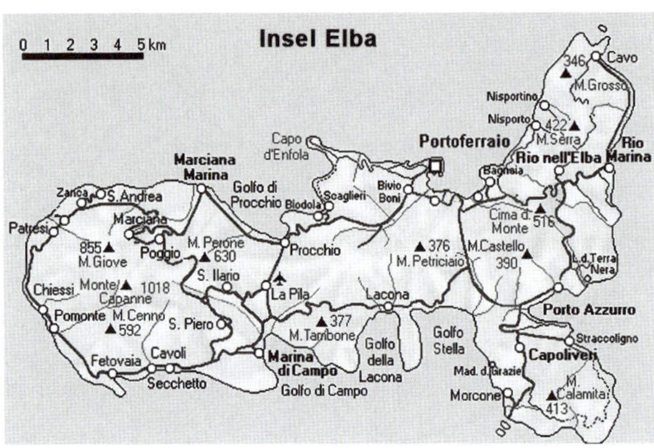

Geometrische Körper

Die Burg von Fougères in Frankreich ist eine der größten Festungen Europas. Zu der Anlage gehören bis zu 5 Meter hohe Mauern und 13 Wehrtürme. Die Türme, die auf dem Bild zu sehen sind, haben die Form eines **Zylinders**. Über **Volumen** und **Oberfläche** dieser Körper wirst du im folgenden Kapitel mehr erfahren.

1 Eigenschaften von Prismen

Das Wort **Körper** hat im deutschen Sprachgebrauch verschiedene Bedeutungen. In der Geometrie wird damit jede **dreidimensionale Form** bezeichnet. Manche dieser Körper haben spezielle Eigenschaften und besondere Namen.

> Jeden Körper, der zwei parallele **deckungsgleiche Vielecke als Grund- und Deckfläche** hat, nennt man **Prisma**. Die Form der Grundfläche bezeichnet meist den Namen des Prismas.

Beispiele

- **Dreiseitiges Prisma**
  Grund- und Deckfläche sind Dreiecke.

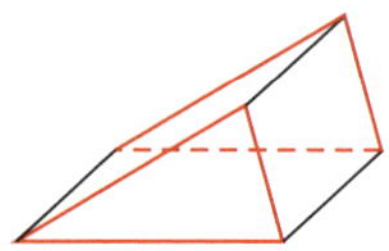

- **Trapezprisma**
  Grund- und Deckfläche sind Trapeze.

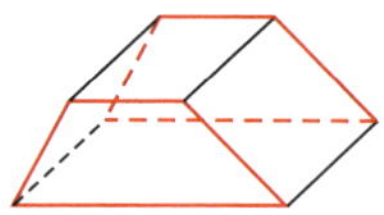

- **Würfel**
  Alle Seitenflächen sind Quadrate.

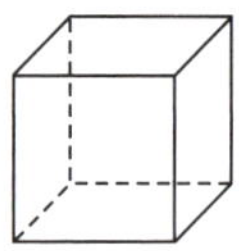

- **Quader**
  Grund- und Deckfläche sind Rechtecke.

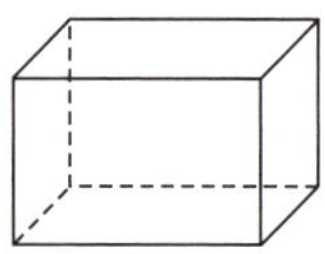

89 Ordne die Zeichnungen jeweils der richtigen Beschreibung zu.
Wie heißen die Körper?

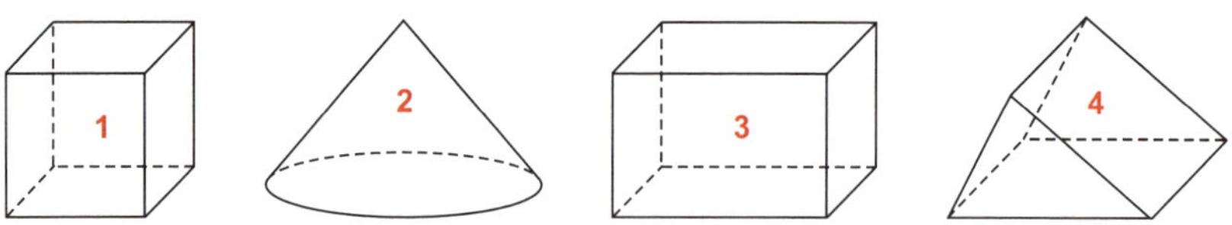

a) Alle 6 Seitenflächen sind quadratisch und gleich groß.
b) Je 2 Seitenflächen sind gleich groß und alle Seitenflächen sind Rechtecke.
c) Der Körper besteht aus 2 gleich großen Dreiecken und 3 Rechtecken.
d) Der Körper hat einen Kreis als Grundfläche und eine Spitze.

90 Welche der Körper sind Prismen?
Markiere jeweils die Grund- und Deckfläche.

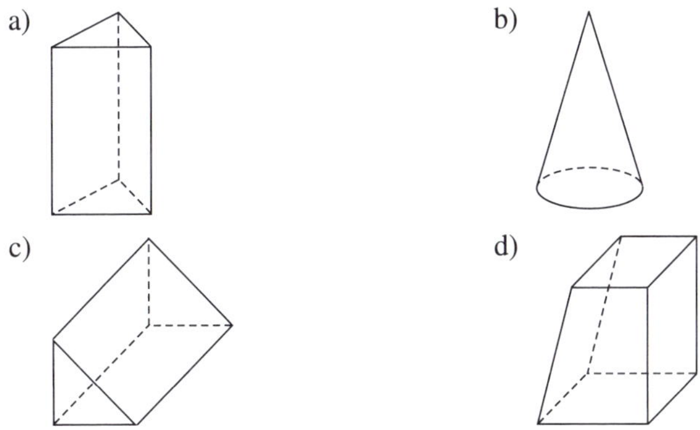

91 Färbe bei diesem Körpernetz die Grund- und Deckfläche in der gleichen Farbe.
Wie heißt der Körper?

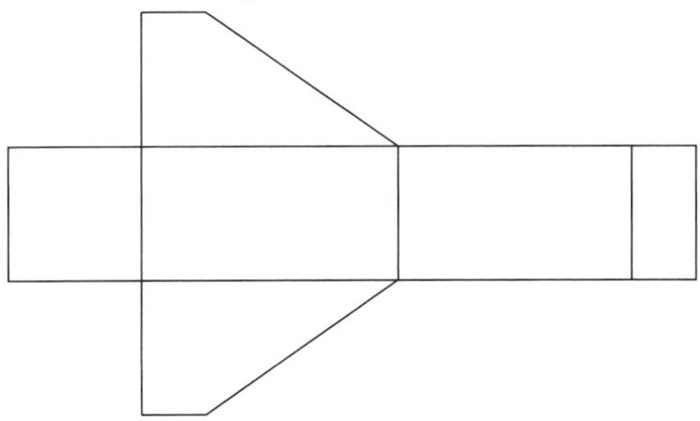

92 Benenne die Körper A, B und C korrekt und ordne jedem das richtige Netz zu.

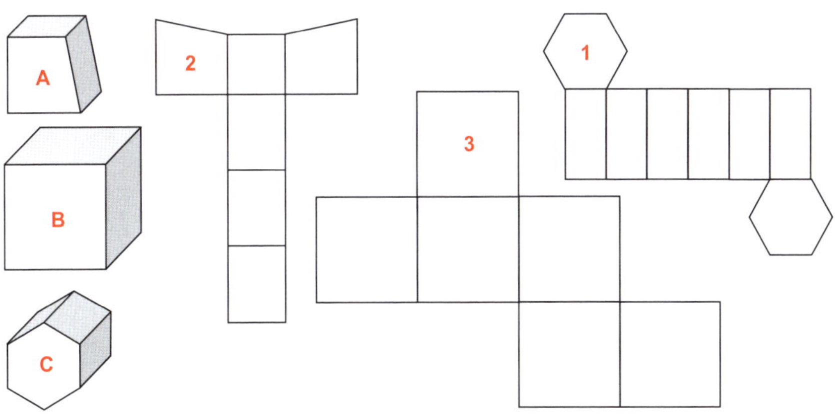

2 Eigenschaften von Kreiszylindern

Getränkedosen, Heuballen, Klebestifte oder Wasserrohre sind Körper, die alle die Form eines (Kreis-) **Zylinders** haben. Fallen dir noch weitere Gegenstände ein?

- Ein Körper, der als Grund- und Deckfläche **parallele deckungsgleiche Kreise** hat, heißt **(Kreis-) Zylinder**.
- Die **Mantelfläche** des Zylinders ist ein Rechteck. Die **Breite des Rechtecks** entspricht der **Höhe** des Zylinders, die **Länge** entspricht dem **Umfang** der Grundfläche.

Beispiel

Hier siehst du, wie ein Zylinder aufgebaut ist:

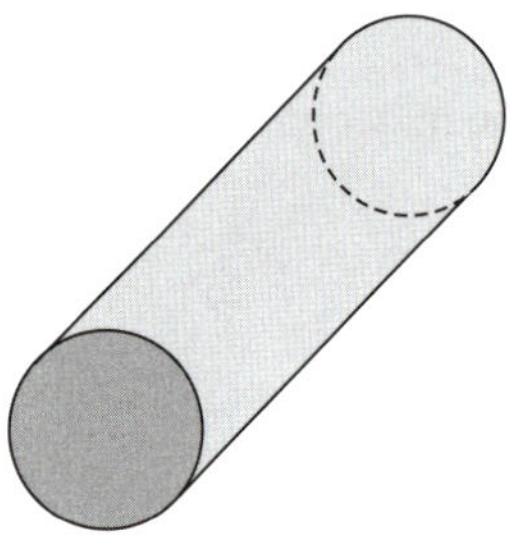

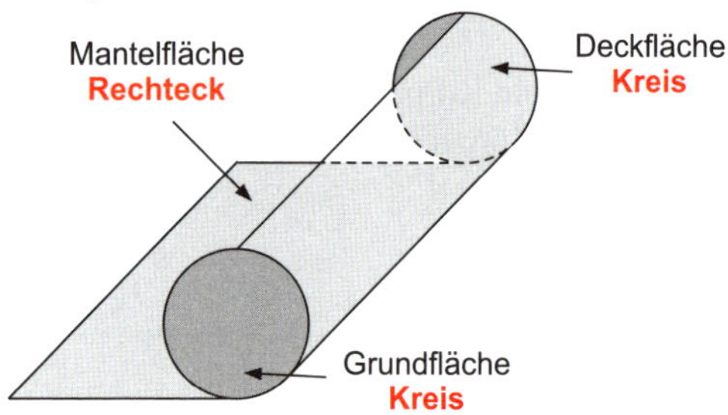

93 Welche Netze ergeben einen Zylinder?

a)

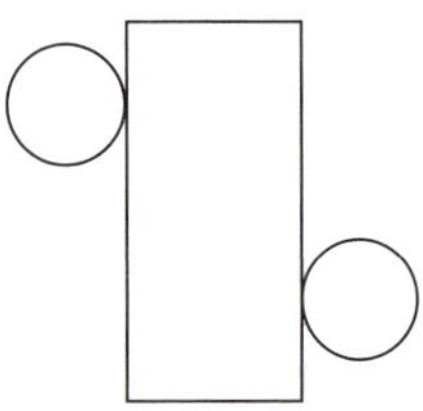

b)

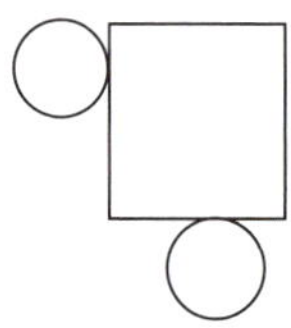

c)

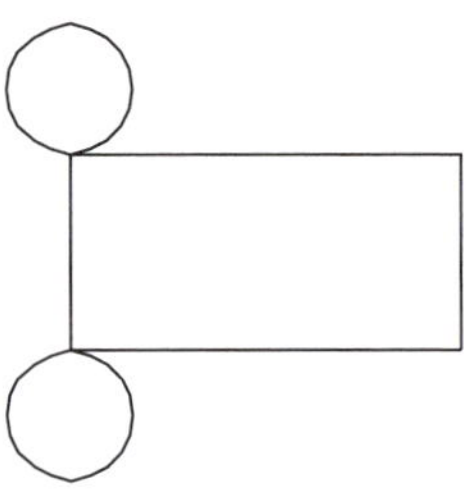

d)

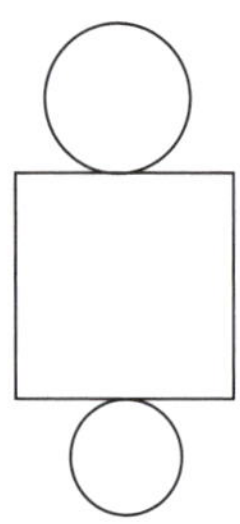

94 Bei welchen Körpern handelt es sich um Zylinder? Kreuze an.

95 Finde zu jeder Grundfläche die passende Mantelfläche.
Wie lautet das Lösungswort?

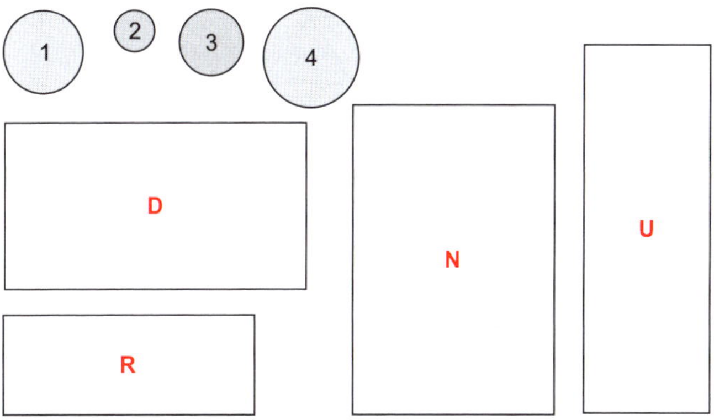

Lösungswort: ☐☐☐☐

96 Zeichne das Netz des abgebildeten Kreiszylinders.

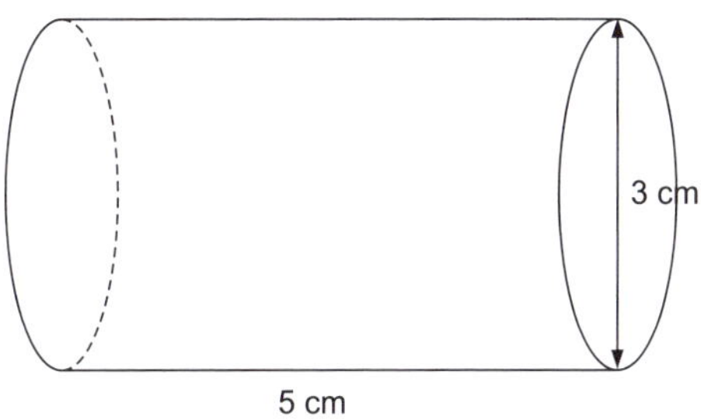

3 Volumen und Oberfläche von Prismen

Das Volumen und die Oberfläche **aller Prismen** kannst du mit der gleichen Formel berechnen.

- Für das **Volumen V** aller Prismen gilt:
  Volumen = Grundfläche · Körperhöhe
  $\mathbf{V = G \cdot h_k}$
- Für die **Oberfläche O** aller Prismen gilt:
  Oberfläche = 2 · Grundfläche + Mantelfläche
  $\mathbf{O = 2 \cdot G + M}$

Beispiel

Berechne die Oberfläche und das Volumen des dreiseitigen Prismas.

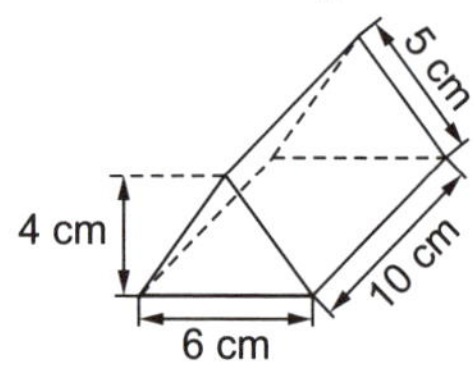

Lösung:

▶ **Oberfläche**

Berechnung der Grundfläche:

$$G = \frac{g \cdot h}{2}$$

$$G = \frac{6\ \text{cm} \cdot 4\ \text{cm}}{2}$$

$$G = 12\ \text{cm}^2$$

Berechnung des Umfangs:

$$u = 6\ \text{cm} + 5\ \text{cm} + 5\ \text{cm}$$

$$u = 16\ \text{cm}$$

Berechnung der Mantelfläche:

$$M = u \cdot h_k$$

$$M = 16\ \text{cm} \cdot 10\ \text{cm}$$

$$M = 160\ \text{cm}^2$$

Gesamte Oberfläche:

$$O = 2 \cdot G + M$$

$$O = 2 \cdot 12\ \text{cm}^2 + 160\ \text{cm}^2$$

$$O = 184\ \text{cm}^2$$

Die Oberfläche setzt sich aus der **Grund- und Deckfläche** (2 gleichschenklige Dreiecke) sowie aus der **Mantelfläche** (3 Rechtecke) zusammen.

Um die Mantelfläche zu berechnen, musst du den **Umfang der Grundfläche** ermitteln.

Du kannst die Mantelfläche auch berechnen, indem du die Größe der **einzelnen Teilflächen** bestimmst (hier: 3 Rechtecke, von denen 2 identisch sind) und die Ergebnisse addierst.

▶ **Volumen**

$$V = G \cdot h_k$$

$$V = \frac{6\ \text{cm} \cdot 4\ \text{cm}}{2} \cdot 10\ \text{cm}$$

$$V = 12\ \text{cm}^2 \cdot 10\ \text{cm}$$

$$V = 120\ \text{cm}^3$$

Bei der Grundfläche handelt es sich um ein **Dreieck** mit einer Grundseite von 6 cm und einer Höhe von 4 cm.

97 Wandle die Größen um und ergänze die fehlenden Werte der Tabelle.

	mm^3	cm^3	dm^3	m^3
a)		50		
b)			2	
c)				1,5
d)		4 500		
e)	500 000 000			

98 Hier siehst du Grundflächen verschiedener Prismen, die alle 15 cm hoch sind.

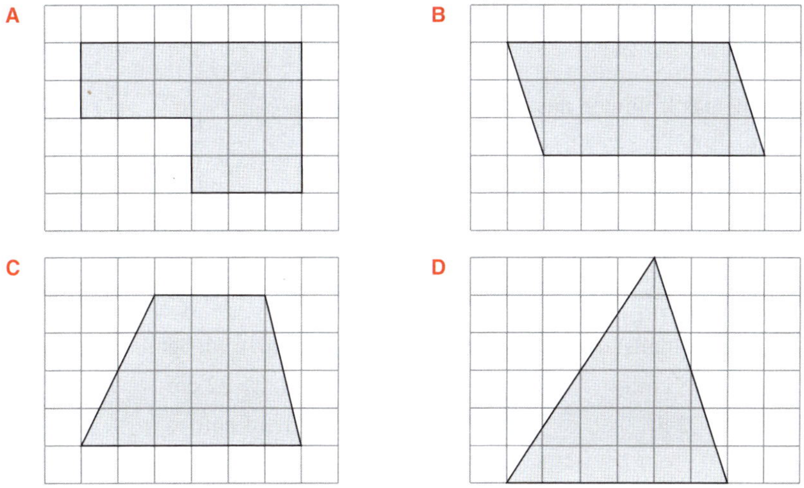

a) Welches Prisma hat das größte Volumen? Begründe.

b) Berechne nun das genaue Volumen.

99 Berechne Volumen und Oberfläche folgender Prismen.

a)

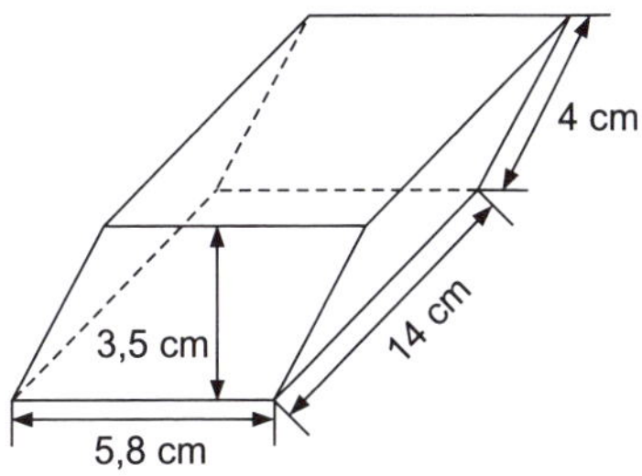

b)

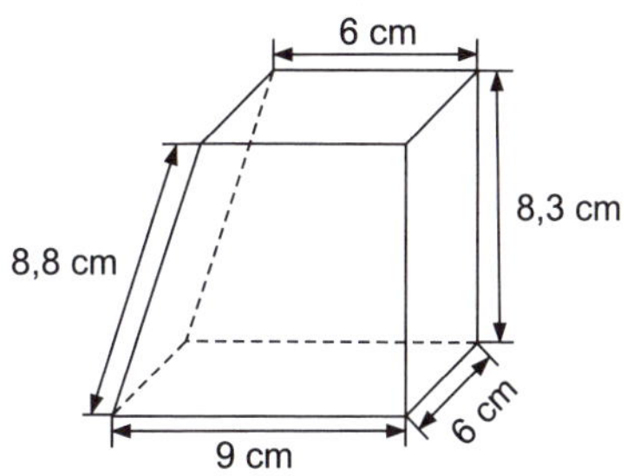

4 Volumen und Oberfläche von Kreiszylindern

Viele Lebensmittel und Getränke werden in Dosen verkauft. Der Inhalt (das Volumen) wird dabei oft in **Litern** oder **Millilitern** angegeben.

Das **Volumen** eines Kreiszylinders kannst du mit derselben Formel wie das Volumen eines Prismas berechnen.

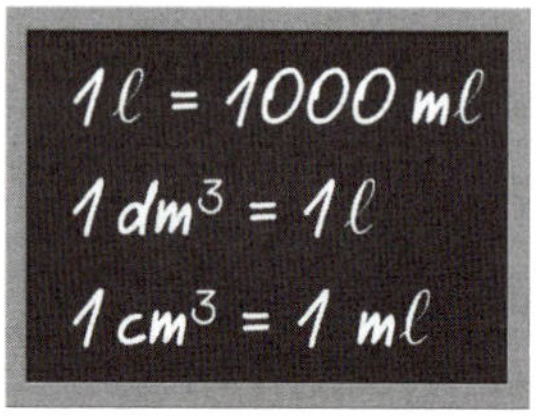

Für das **Volumen V** von Kreiszylindern gilt:
$V = G \cdot h$
$\mathbf{V = \pi \cdot r^2 \cdot h}$

Beispiel

Berechne das Volumen des Zylinders in Millilitern.

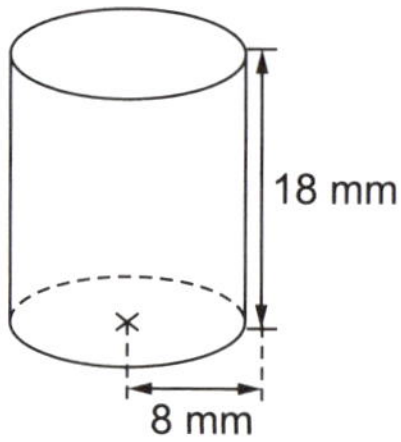

Lösung:
$V = G \cdot h$
$V = \pi \cdot r^2 \cdot h$
$V = 3{,}14 \cdot (8\ \text{mm})^2 \cdot 18\ \text{mm}$
$V = 3\,617{,}28\ \text{mm}^3 \approx 3{,}61\ \text{cm}^3 = 3{,}61\ m\ell$

100 Berechne das Volumen der Kreiszylinder mit den folgenden Maßen.

a) $r = 5$ cm; $h = 8$ cm
b) $d = 15$ cm; $h = 22$ cm
c) $r = 2$ cm; $h = 2$ m
d) $d = 5$ m; $h = 5$ cm

101 Eine Konservendose hat einen Inhalt von 750 mℓ.
Kreuze an, ob die Aussagen wahr oder falsch sind.

	wahr	falsch
a) 750 mℓ sind ein $\frac{3}{4}$ Liter.	☐	☐
b) Verdoppelt sich der Durchmesser der Dose, so verdoppelt sich auch das Volumen.	☐	☐
c) Die Dose könnte einen Durchmesser von etwa 16 cm und eine Höhe von etwa 15 cm haben.	☐	☐
d) 750 mℓ sind 750 dm^3.	☐	☐
e) Verdoppelt sich die Höhe der Dose, dann verdoppelt sich auch das Volumen.	☐	☐

102 In einem Wohnhaus ist die Warmwasserleitung vom Boiler bis ins Bad 7,5 m lang. Der Innendurchmesser der Leitung beträgt 21 mm. Wie viel Liter kaltes Wasser laufen durch die Leitung, bis das erste Warmwasser im Bad ankommt?

103 Schätze das Volumen des Kesselwagens. Verwende zum Schätzen eine geeignete Vergleichsgröße, z. B. die Sprossenabstände der Leiter.

104 Der Meister schickt Frieder und eine Gesellin los, um 3 Stahlstangen zu holen. Die Stangen sind 4,5 m lang und haben einen Durchmesser von 1 cm, 2 cm und 5 cm. Was glaubst du: Können die beiden die Stangen tragen? (1 cm^3 Stahl wiegt 7,85 g.)

Auch die **Oberfläche** von Kreiszylindern berechnet sich wie die Oberfläche von Prismen.

> Für die **Oberfläche O** eine Kreiszylinders gilt:
> $O = 2 \cdot G + M$
> $\mathbf{O = 2 \cdot \pi \cdot r^2 + 2 \cdot \pi \cdot r \cdot h}$

eispiel

Berechne die Oberfläche eines Zylinders mit einer Höhe von 18 mm und einem Radius von 8 mm. Gib in cm^2 an.

Lösung:

Berechnung der Grundfläche:
$G = \pi \cdot r^2$
$G = \pi \cdot (8\ mm)^2$
$G = 3{,}14 \cdot 64\ mm^2$
$G \approx 201\ mm^2 = 2{,}01\ cm^2$

Die Oberfläche des Zylinders besteht aus 2 Kreisen (Grund- und Deckfläche) und einem Rechteck (Mantel).

Berechnung des Umfangs:
$u = 2 \cdot \pi \cdot r$
$u = 2 \cdot 3{,}14 \cdot 8\ mm$
$u \approx 50\ mm$

Die Breite des Rechtecks entspricht der **Höhe des Zylinders**, die Länge entspricht dem **Umfang der Kreise**.

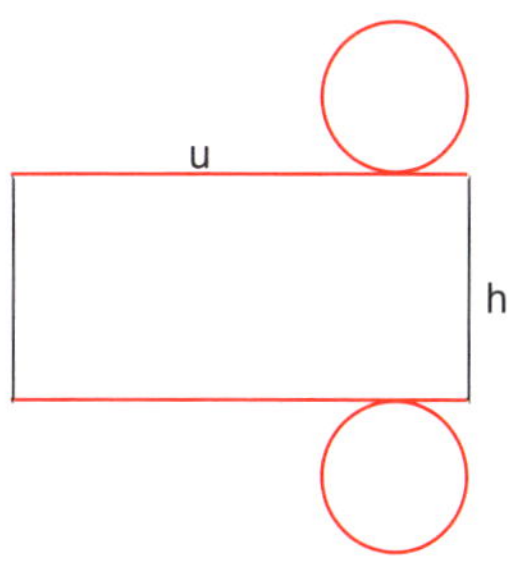

Berechnung die Mantelfläche:
$M = u \cdot h$
$M = 50\ mm \cdot 18\ mm$
$M = 900\ mm^2 = 9\ cm^2$

Gesamte Oberfläche:
$O = 2 \cdot G + M$
$O = 2 \cdot 2{,}01\ cm^2 + 9\ cm^2$
$O = 13{,}02\ cm^2$

105 Berechne die Oberfläche des Zylinders, den man aus dem abgebildeten Netz basteln kann.

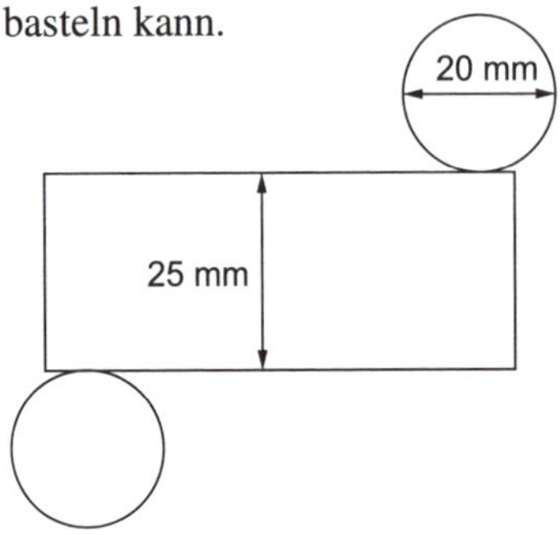

106 Berechne die Oberfläche der Zylinder mit den folgenden Maßen.

a) r = 5 cm; h = 8 cm
b) d = 15 cm; h = 22 cm
c) r = 2 cm; h = 2 m
d) d = 5 m; h = 5 cm

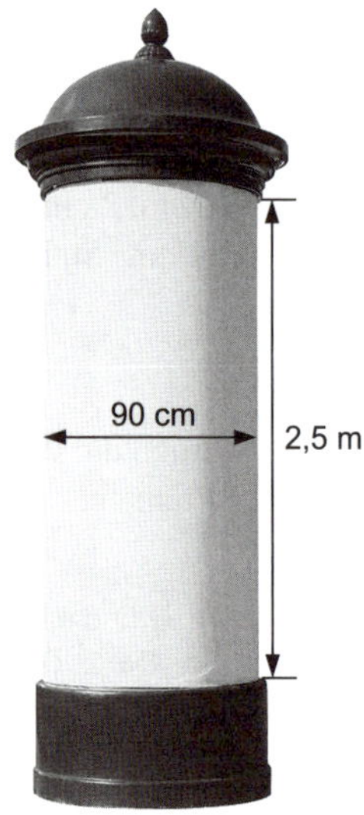

107 In Deutschland gibt es ca. 50 000 Litfaßsäulen.

a) Berechne die Werbefläche aller Litfaßsäulen in Deutschland.
b) Auf eine Litfaßsäule in der Stadt sollen 20 quadratische Werbeplakate mit einer Höhe von 0,5 m angebracht werden. Bietet die Säule dafür genügend Platz?

108 Eine Getränkedose hat einen Umfang von 210 mm und eine Höhe von 110 mm.

a) Der Hersteller spricht von 0,33 ℓ Doseninhalt. Kann die Aussage stimmen?
b) Wie viel m^2 Blech werden zur Herstellung von 2 000 Dosen benötigt?

109 Eine Firma stellt Dosen in 2 verschiedenen Größen her.

Dosenart	Anzahl	Durchmesser d	Höhe h
Mini	1 250	50 mm	85 mm
Maxi	1 500	7,5 cm	110 mm

a) Berechne jeweils den Blechbedarf für die unterschiedliche Stückzahl.
b) Wie groß ist das Volumen der jeweiligen Dosenart? Gib in Litern an.

110 Herr Meier hat eine neue Regentonne gekauft.

a) Kann die Tonne 250 Liter fassen?
b) Die Außenwand der Tonne soll neu lackiert werden. Reicht für einen einfachen Anstrich eine Lackdose mit 750 mℓ, wenn man 350 mℓ für 1 m^2 benötigt?

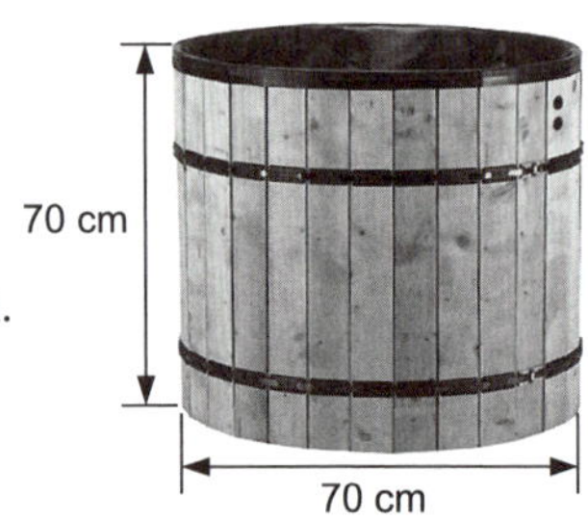

5 Zusammengesetzte Körper

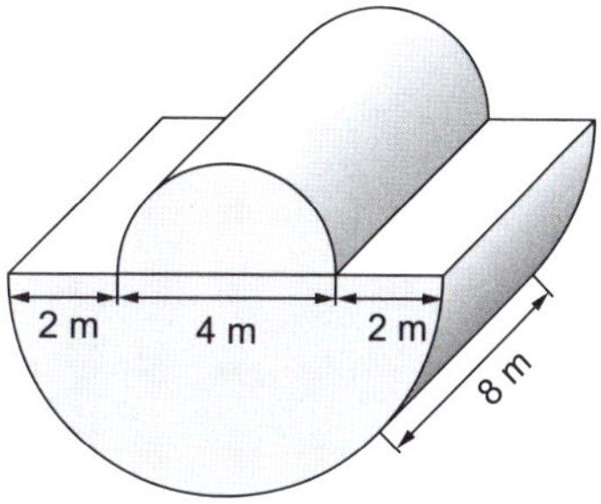

So, wie du zusammengesetzte Flächen berechnen kannst, indem du sie in berechenbare Teilflächen zerlegst, kannst du das Volumen von zusammengesetzten Körpern berechnen, indem du sie in bekannte Körper zerlegst.
Der abgebildete Körper setzt sich beispielsweise aus **2 halben Zylindern** zusammen.

Zusammengesetzte Körper lassen sich oft in bekannte Körper zerlegen.
Das **Volumen** des zusammengesetzten Körpers erhält man aus dem Volumen der Teilkörper.

Beispiel

Berechne das Volumen des abgebildeten Körpers.

Lösung:

▶ **Volumen des kleinen Halbzylinders:**

$$V_{klein} = \frac{1}{2} \cdot \pi \cdot r^2 \cdot h_k$$

$$V_{klein} = \frac{1}{2} \cdot 3{,}14 \cdot (2\text{ m})^2 \cdot 8\text{ m}$$

$$V_{klein} = 50{,}24\text{ m}^3$$

Der Körper besteht aus 2 Halbzylindern.

Setze die gegebenen Werte in die Formel für Zylinder ein. Beachte, dass du jeweils das Volumen eines **halben** Zylinders berechnen musst.

▶ **Volumen des großen Halbzylinders:**

$$V_{groß} = \frac{1}{2} \cdot \pi \cdot r^2 \cdot h_k$$

$$V_{groß} = \frac{1}{2} \cdot 3{,}14 \cdot (4\text{ m})^2 \cdot 8\text{ m}$$

$$V_{groß} = 200{,}96\text{ m}^3$$

▶ **Gesamtes Volumen:**

$$V = V_{klein} + V_{groß}$$

$$V = 50{,}24\text{ m}^3 + 200{,}96\text{ m}^3$$

$$V = 251{,}2\text{ m}^3$$

Addiere die Volumina der beiden Halbzylinder.

111 Berechne das Volumen der Körper. Gib in cm^3 und dm^3 an.

a)

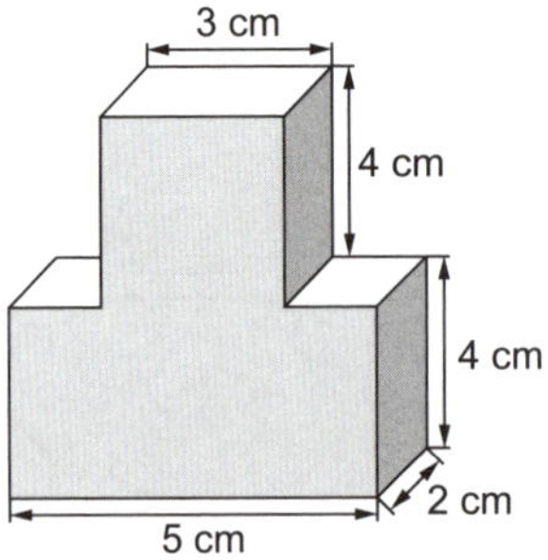

b)

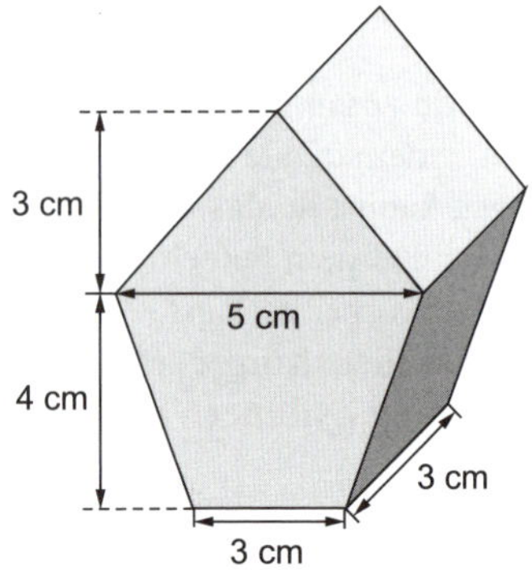

112 Eine Klopapierrolle ist 9,5 cm lang, der Außendurchmesser beträgt 10 cm. Die Papprolle, auf der das Papier gewickelt ist, hat einen Durchmesser von 5 cm. Wie viel cm^3 Klopapier befindet sich auf einer Rolle? Fertige eine Skizze an.

113 Eine Gärtnerei plant ein neues Gewächshaus.

a) Berechne die Bodenfläche des Gewächshauses, die mit Steinplatten ausgelegt werden soll.

b) Wie viel m^2 Glas wird für die Wand- und Dachflächen benötigt?

c) Welches Volumen hat das Gewächshaus?

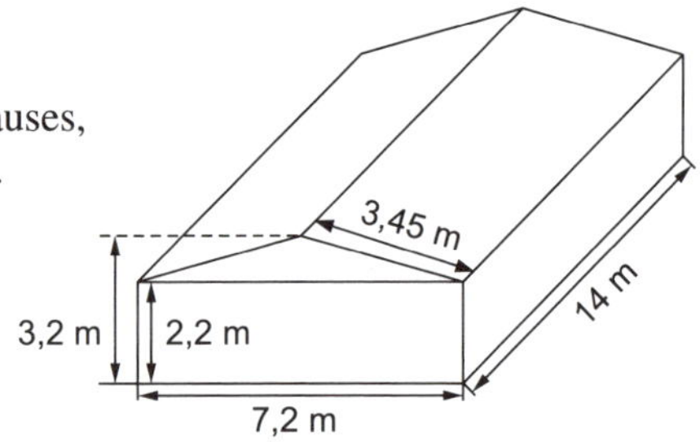

114 Ein Freund ruft dich an und bittet um Hilfe bei den Mathehausaufgaben. Er beschreibt dir einen Körper, von dem er das Volumen berechnen soll: „Auf dem Würfel, der eine Kantenlänge von 3 cm hat, steht ein Zylinder. Die Grundfläche des Zylinders berührt die 4 Kanten der Würfeldeckfläche. Der Zylinder ist auch 3 cm hoch."
Fertige eine Skizze des beschriebenen Körpers an und hilf deinem Freund bei der Berechnung.

115 Lars trainiert mit der abgebildeten Hantel. Die Haltestange ist ein Zylinder. Die Gewichte links und rechts haben annähernd die Form von 6-seitigen Prismen.

a) Welches Volumen hat die Hantel?

b) Wie viel wiegt die Hantel, wenn sie aus Eisen ist?
(1 cm^3 Eisen wiegt 7,9 g.)

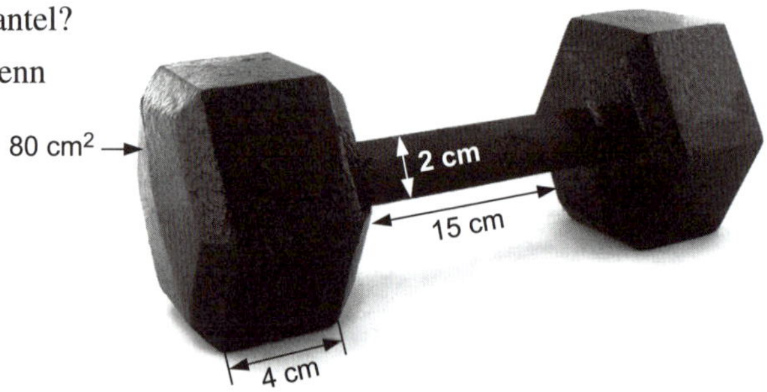

6 Schrägbilder

Wenn man **dreidimensionale Gegenstände** auf einer Zeichenebene anschaulich darstellen möchte, zeichnet man meist **Schrägbilder**. Sie vermitteln einen räumlichen Eindruck.
Halte dich beim Zeichnen von Schrägbildern an die folgenden **Regeln**.

- Strecken, die **parallel zur Zeichenebene** verlaufen, musst du in **Originallänge** zeichnen.
- Strecken, die **senkrecht zur Zeichenebene** verlaufen, werden schräg „nach hinten“ im **Winkel von 45°** und **um die Hälfte verkürzt** gezeichnet.
- **Nicht sichtbare** Strecken werden **gestrichelt**.

ispiele

1. Zeichne das Schrägbild eines Quaders mit a = 5 cm, b = 2,5 cm und c = 2 cm.

Lösung:

Zeichne die Vorderseite in **Originalgröße**:
a = 5 cm, b = 2,5 cm

Zeichne die schräg nach hinten verlaufenden Kanten im Winkel von **45°** und um die **Hälfte verkürzt** (hier: 1 cm).

Strichle die verdeckte Kante.

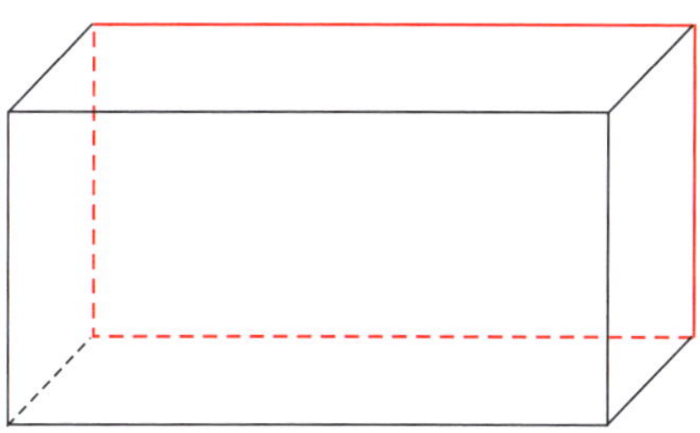

Verbinde die Endpunkte der Kanten.

2. Zeichne das Schrägbild eines Zylinders mit d = 4 cm und h = 3 cm.

Lösung:

Zeichne den **Durchmesser** und markiere den Mittelpunkt der Strecke.

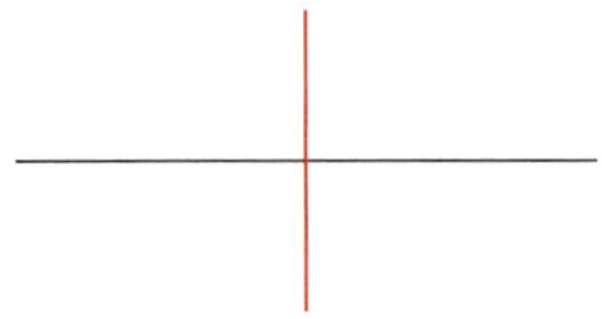

Zeichne eine Senkrechte zum Mittelpunkt des Durchmessers, die **halb so lang** ist wie der Durchmesser.

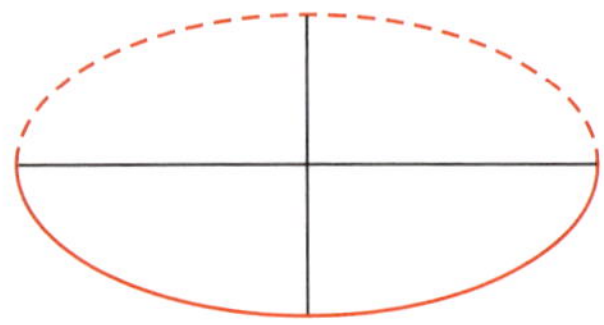

Die **Bogenlinie** (Ellipse) der Grundfläche wird **freihändig** gezeichnet. Denke auch hier daran, verdeckte Linien zu stricheln.

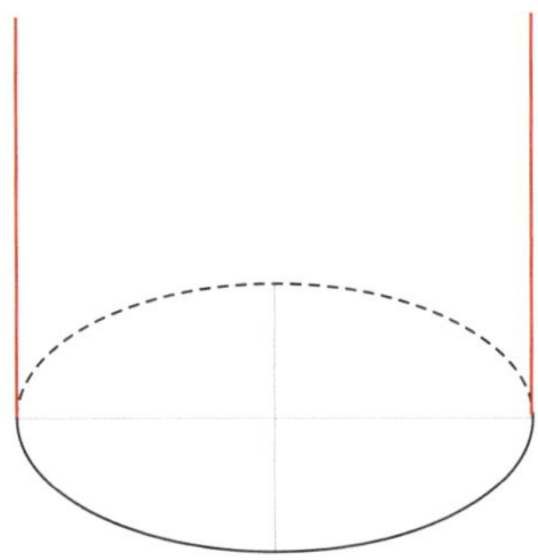

Zeichne die Höhe des Zylinders in **Originallänge**.

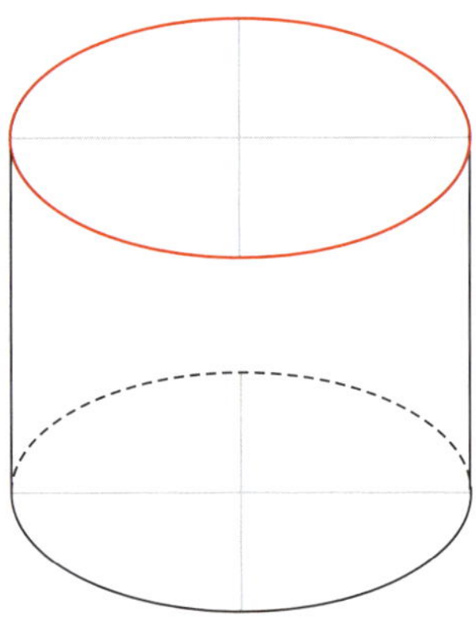

Skizziere die Deckfläche so wie die Grundfläche.

116 Vervollständige die Schrägbilder der Prismen und des halben Zylinders.

a) 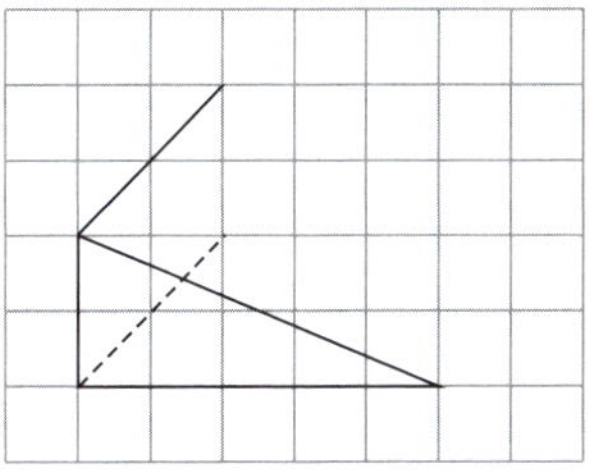

b) 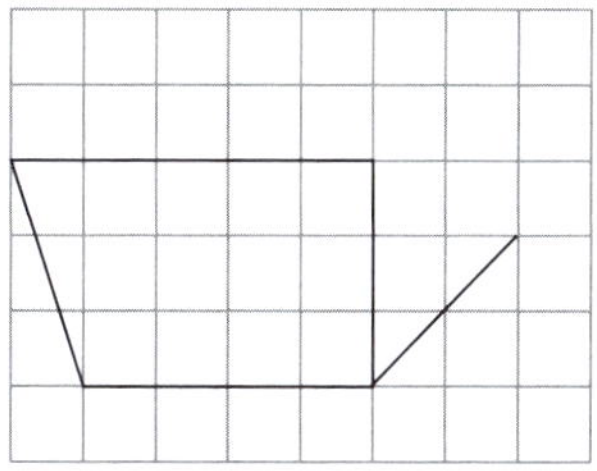

c) 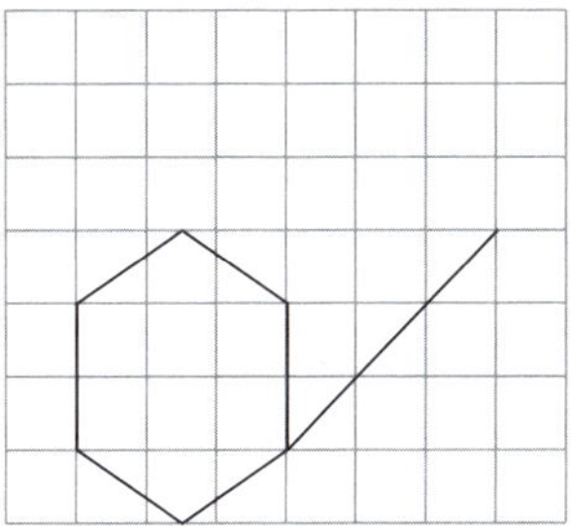

d) 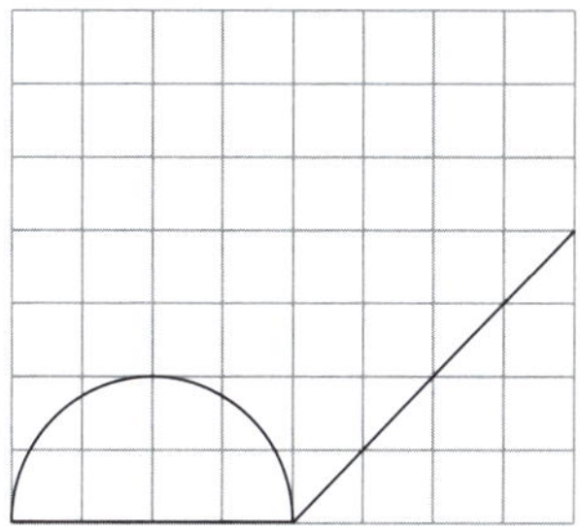

117 Für jedes Prisma ist die Körperhöhe h angegeben und die Grundfläche skizziert.
Zeichne das Schrägbild des liegenden Prismas.

a) h = 6 cm

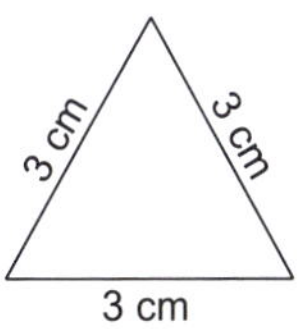

b) h = 7 cm

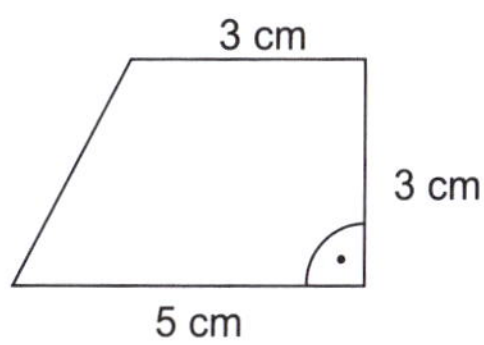

118 Eine Schachtel ist 60 mm lang, 36 mm hoch und 18 mm breit.
Stelle die Schachtel im Schrägbild dar.

119 Bei diesen Schrägbildern von Würfeln wurden Fehler gemacht.
Kannst du sie finden und erklären?

a) 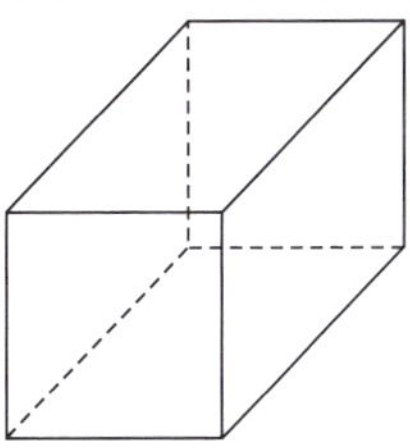

b) 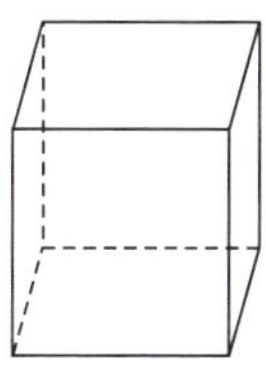

120 Skizziere jeweils ein Schrägbild des Zylinders mit den angegebenen Maßen.

a) d = 4,5 cm; h = 5 cm

b) d = 3,5 cm; h = 8 cm

7 Ansichten

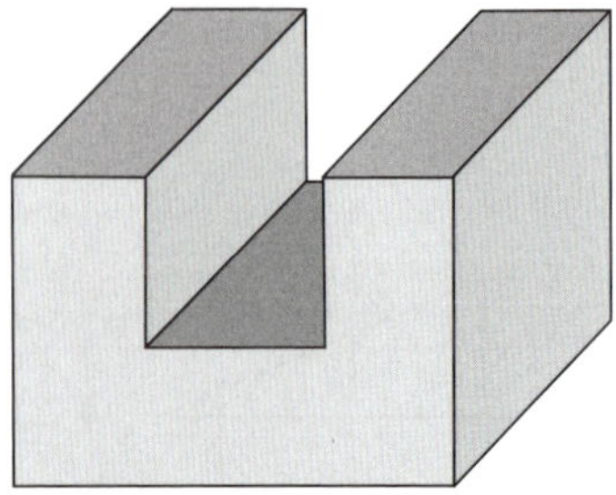

3 Schüler sehen das Werkstück aus **unterschiedlichen Perspektiven**.
Laurin sagt: „Ich sehe ein Rechteck."
Vivi meint: „Bei mir ist es u-förmig."
Aaron überlegt: „Ich sehe 3 Rechtecke."
Welche Seite haben die 3 jeweils gesehen?

Die **Ansicht** eines dreidimensionalen Körpers ist seine **zweidimensionale Darstellung**. Der Körper wird dabei von verschiedenen Seiten betrachtet:

- Die Ansicht **von vorne** heißt **Vorderansicht** (Aufriss).
- Die Ansicht **von oben** nennt man **Draufsicht** (Aufsicht, Grundriss).
- Die Ansicht **von der Seite** heißt **Seitenansicht** (Seitenriss).

Beispiele

1. Von welcher Seite haben die 3 Schüler das Werkstück jeweils gesehen?

   Lösung:

   Laurin hat das Werkstück von der Seite gesehen, Vivi hat es von vorne gesehen und Aaron von oben.

2. Zeichne Vorderansicht, Draufsicht und Seitenansicht des Werkstücks.

   Lösung:

   ▶ **Vorderansicht**

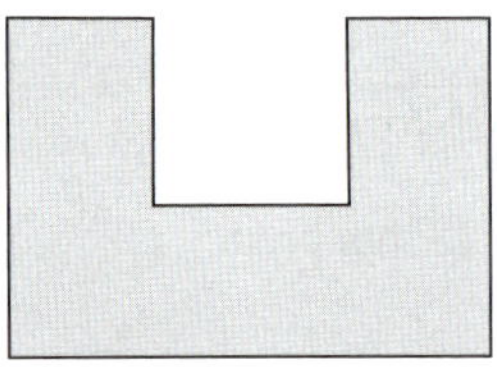

   ▶ **Draufsicht**

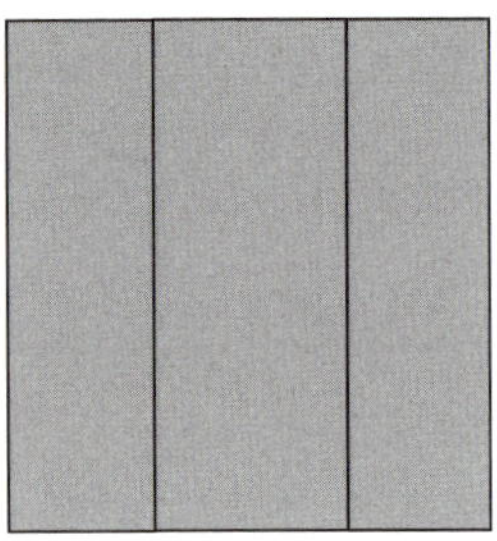

Seitenansicht

In diesem Beispiel sind die Seitenansichten **von links** und **von rechts gleich**.

121 Zu jedem als Schrägbild dargestellten Körper findest du verschiedene Ansichten. Um welche Ansicht handelt es sich jeweils?

a)

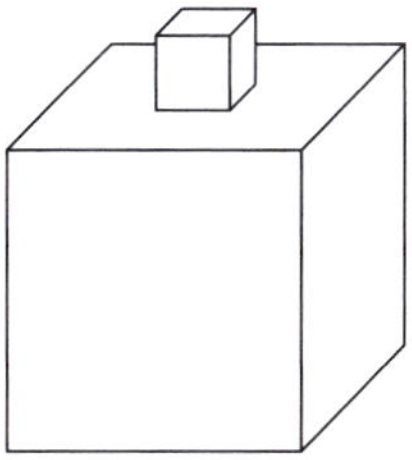

A

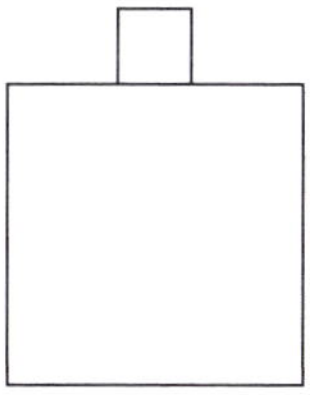

B

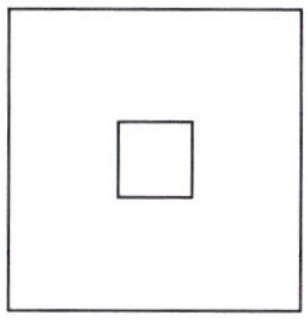

b)

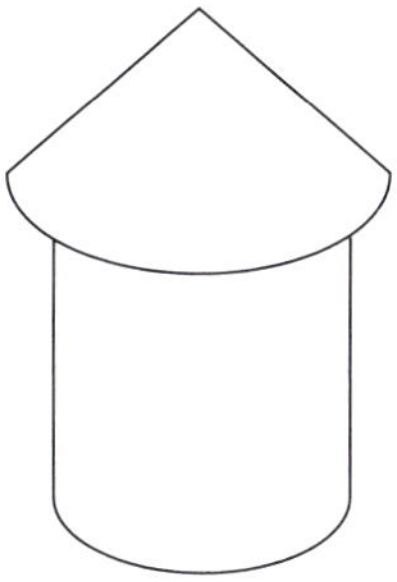

A

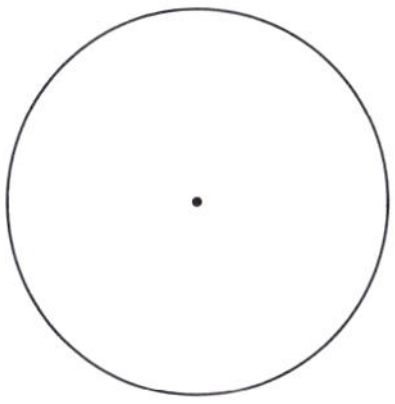

B

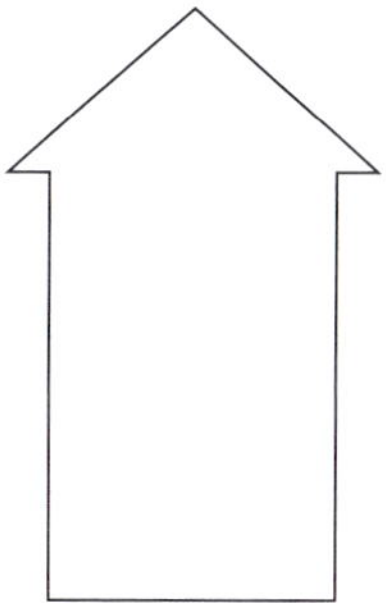

c)

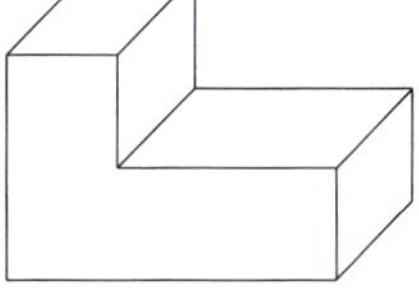

A

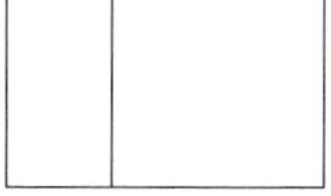

B

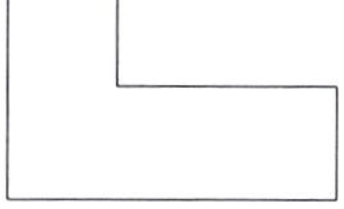

C

D

d)

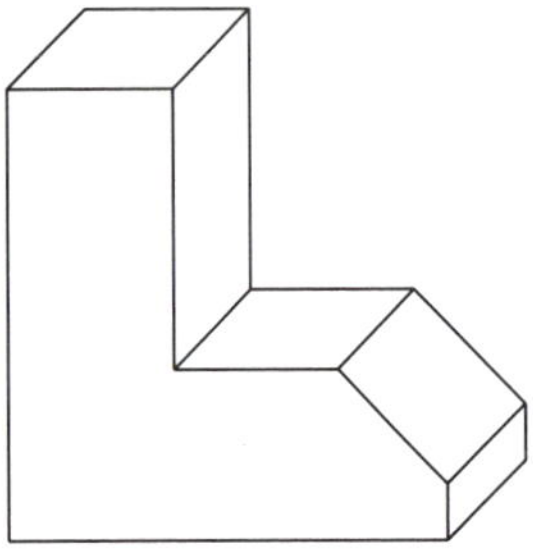

A

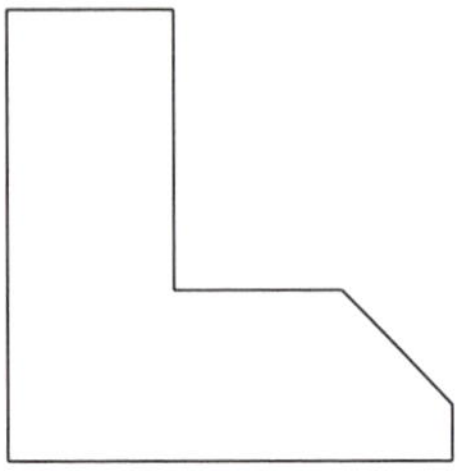

B

C

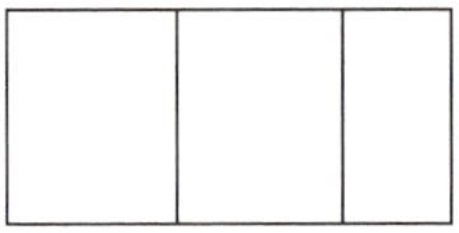

D

122 Zeichne jeweils das Schrägbild des Körpers mit den abgebildeten Ansichten.

a) Vorderansicht

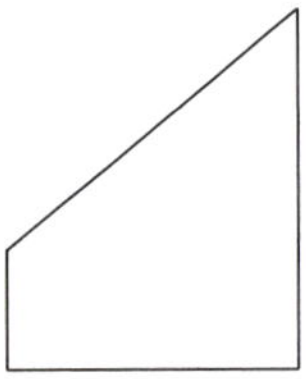

Draufsicht

Seitenansicht

b) Vorderansicht

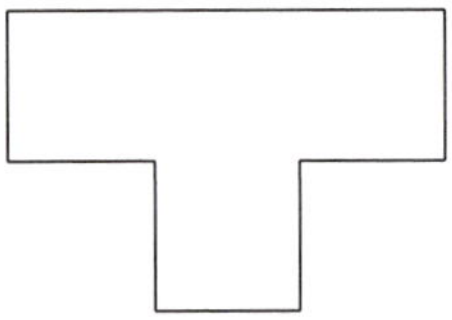

Draufsicht

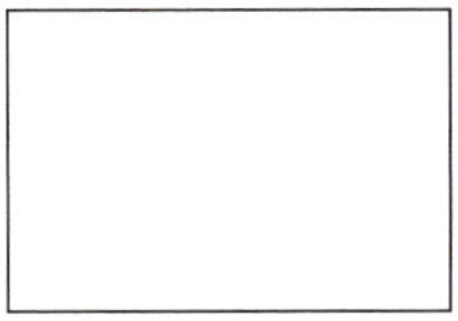

Seitenansicht

123 Skizziere mindestens 2 verschiedene Ansichten der Körper.

a)

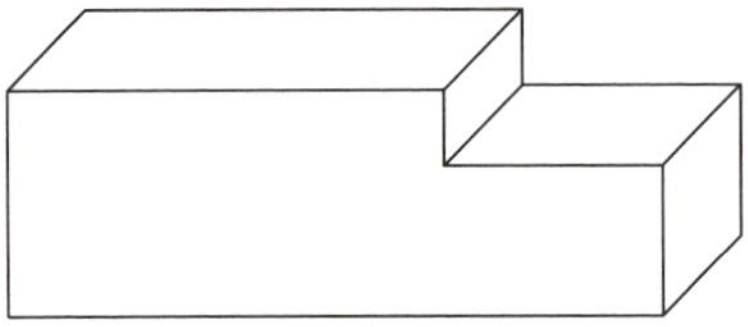

b)

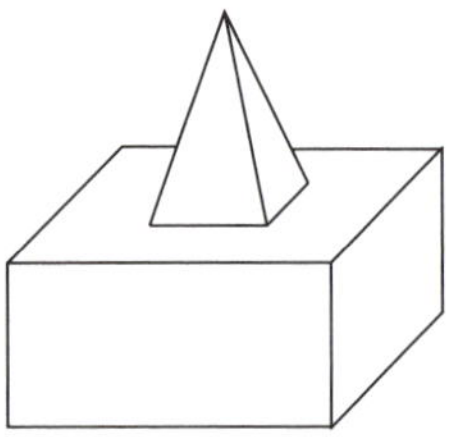

Terme und Gleichungen

Damit diese Wippe im **Gleichgewicht** bleibt, muss die Masse auf beiden Seiten gleich groß sein. Entscheidet sich der Junge in der Mitte für eine Seite, neigt sich die Wippe. Genauso ist es, wenn eines der beiden Mädchen absteigt.
Auch **Gleichungen** kannst du dir gut als Wippe, die sich im Gleichgewicht befindet, vorstellen.

1 Terme

Julia bekommt im Monat 5 € mehr Taschengeld als ihr kleiner Bruder Max.
Um die Höhe von Julias Taschengeld zu berechnen, kann man einen **Term** aufstellen.
Weiß man dann, wie viel Taschengeld Max bekommt, kann man auch Julias Taschengeld berechnen.

- Ein **Term** ist ein Rechenausdruck, der **Zahlen**, **Variablen** (wie a, b, x oder y) und **Rechenzeichen** sinnvoll verknüpft.
- In einem Term kannst du Vielfache derselben Variablen und alle Zahlen ohne Variablen **zusammenfassen**.
- Setzt man für die Variablen Zahlen ein, kann man den **Wert des Terms** berechnen.

Beispiele

1. a) Stelle einen Term zur Berechnung der Höhe des Taschengelds von Julia auf.

Lösung:

$x + 5$ € — Taschengeld Max: x

b) Max bekommt 15 € Taschengeld. Wie viel bekommt Julia?

Lösung:

15 € + 5 € = 20 € — Setze für x die 15 € ein, die Max bekommt.

Julia bekommt 20 € Taschengeld.

2. Fasse den folgenden Term zusammen: $y + 2 + 2y + 4$

Lösung:

$y + 2 + 2y + 4 = 3y + 6$ — Fasse **gleiche Variablen** und **Zahlen ohne Variablen** zusammen.

124 Oft kommt es vor, dass zu Textaufgaben Terme aufgestellt werden sollen. Ordne den Ausdrücken jeweils eine der 4 Grundrechenarten (+, –, ·, :) zu.

a) die Summe von	☐	b) die Differenz von	☐
c) das Produkt von	☐	d) der Quotient von	☐
e) subtrahieren	☐	f) dividieren	☐
g) das …-Fache	☐	h) um … vergrößern	☐
i) vermindern	☐	j) multiplizieren	☐
k) addieren	☐	l) der …Teil	☐

125 Ordne jeder Aufgabe einen passenden Term zu. Wie lautet das Lösungswort?

a) Addiere zum 3-Fachen einer Zahl 4. ☐

b) Multipliziere eine Zahl mit 3 und subtrahiere 4. ☐

c) Subtrahiere den 3. Teil einer Zahl von 4. ☐

d) Vermindere das Produkt aus einer Zahl und 4 um 3. ☐

e) Bilde die Differenz aus 4 und 3 und teile das Ergebnis durch eine Zahl. ☐

f) Vergrößere den Quotienten aus einer Zahl und 3 um 4. ☐

E $3x-4$ **L** $4x-3$ **R** $4-x:3$ **N** $x:3+4$ **B** $3x+4$ **I** $(4-3):x$

126 Schreibe jeweils einen Term für die Gesamtlänge der Strecke auf.

a) 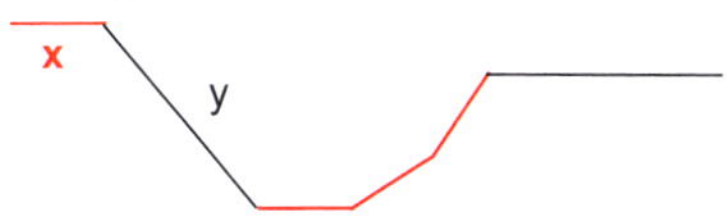

b) 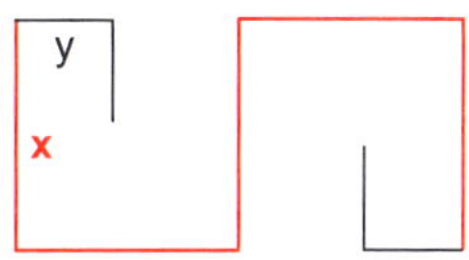

127 Zeichne jeweils eine Figur mit a = 3 cm und b = 1 cm, die zu den folgenden Termen passt. Welche Figur ist länger?

a) $a+b+a+b+a$ b) $2a+3b$

128 Berechne jeweils den Termwert. Setze dazu für x den entsprechenden Wert aus der Tabelle ein.

x	–2	–1	0	1	2
$2x+1$					
$-3x$					

129 Setze für x die Zahl 15 ein und berechne den Wert des Terms.
Wenn du alle Lösungen addierst, erhältst du das 30-Fache von 15.

a) $4x+20$ b) $1{,}2+x+4{,}8+5x$

c) $750:x+1{,}5x$ d) $8+0{,}5x$

e) $300-15x$ f) $10x-44+\frac{1}{3}\cdot x$

130 Betrachte die folgende Tabelle von Termwerten.

x	–1	0	1	2	3
	–2	–1	0	1	2

a) Welcher Term passt zu dieser Tabelle?

b) Wie lautet der Termwert für x = 12 bzw. x = –10?

Enthält ein Term Klammern, gehe wie folgt vor:

- Steht ein + vor der Klammer, so kann man die Klammer einfach **weglassen**.
- Steht ein – vor der Klammer, so **verändern** sich die **Rechen-** und **Vorzeichen** in der Klammer, wenn man sie auflöst: aus – wird + und aus + wird –.
- Steht ein · vor (oder hinter) der Klammer, so wird der **Klammerausdruck** (also jede Zahl und Variable in der Klammer) mit dem **Faktor** vor (oder hinter) der Klammer **multipliziert**.

Beispiele

1. $15 + (7 - x) =$
$15 + 7 - x = 22 - x$

Vor der Klammer steht ein „+", d. h., du kannst die **Klammer weglassen**.

2. $25 - (-8 + x) =$
$25 + 8 - x = 33 - x$

Vor der Klammer steht ein „–". **Verändere** die **Vor-** und **Rechenzeichen** in der Klammer und lasse die Klammer weg.

3. $2 \cdot (a + 4) =$
$2 \cdot a + 2 \cdot 4 = 2a + 8$

Multipliziere **jedes** Glied in der Klammer mit dem Faktor 2.

131 Löse die Klammern auf und fasse zusammen.

a) $2x + 4y - (x + y)$
b) $4x + (2x + y) - 5y$
c) $6y - (5x + 6y)$
d) $2(2x + y)$
e) $5(y + 3x) + 8$
f) $60 - 2(x + y)$

132 Setze in dem unten stehenden Term die Klammern so, dass …

a) das größtmögliche Ergebnis herauskommt.
b) das kleinstmögliche Ergebnis herauskommt.

25 – 26 – 4 + 70

133 Setze in die Terme jeweils für x die Zahl 4 ein und löse das Kreuzzahlrätsel.

waagrecht

a) $110x - 11$
c) $484 : x$
f) $2(6x - 12{,}5)$
h) $286x$
j) $33 - 4x$
k) $3\,764 : x$
m) $919x + 2$
n) $8(x + 4)$

senkrecht

a) $10x$
b) $215x + 61$
d) $x : \frac{1}{6}$
e) $2(25x - 1)$
g) $x(750 + 124{,}5)$
h) $11x \cdot x$
i) $8x + 3x$
l) $x \cdot x$

a		b	■	c	d	e
	■	f	g	■		
■	h			i	■	
j		■	k		l	■
m				■	n	

2 Gleichungen lösen und aufstellen

Gleichungen kannst du dir gut mithilfe einer **Balkenwaage** vorstellen.
Die Waage ist genau dann im **Gleichgewicht**, wenn sich auf beiden Seiten die gleiche Masse befindet.

- Gleichungen bestehen aus **2 Termen**, die durch ein Gleichheitszeichen verbunden werden.
- **Einfache Gleichungen** kann man durch **Überlegen** und **Probieren** oder mithilfe von **Umkehraufgaben** lösen.
- Zur Überprüfung der Lösung solltest du immer eine **Probe** durchführen.

eispiele

1. Wie viele Kugeln müssen sich auf der oberen Waage unter der schwarzen Box befinden, damit die Waage im Gleichgewicht ist?
Lösung:

Du kannst auf der **linken Seite** 4 Kugeln wegnehmen, sodass nur noch die Box alleine auf der Waagschale liegt. Auf der **rechten Seite** musst du dann natürlich auch 4 Kugeln wegnehmen.

Unter der Box müssen sich 3 Kugeln befinden.

2. Löse die Gleichung $3x + 5 = 11$ und führe die Probe durch.
Lösung:

$$3x + 5 = 11 \quad | -5$$
$$3x = 6 \quad | :3$$
$$x = 2$$

Mache **zuerst** eine Umkehrung zur Addition, **dann** zur Multiplikation.

Probe:

$$3x + 5 = 11$$
$$3 \cdot 2 + 5 = 11$$
$$11 = 11 \quad \text{(wahr)}$$

Setze bei der Probe dein Ergebnis für die Variable in die Gleichung ein und überprüfe, ob eine **wahre Aussage** entsteht.

134 Welche Zahl löst die Gleichung? Kreuze an.

a) $3x + 3 = 18$	☐ $x = 1$	☐ $x = 3$	☐ $x = 5$
b) $30 + 2y + 8 = 42$	☐ $y = 1$	☐ $y = 2$	☐ $y = 3$
c) $13a - 7 = 32$	☐ $a = 1$	☐ $a = 2$	☐ $a = 3$

Komplizierte Gleichungen löst man am besten durch **Äquivalenzumformung**.

- **Löse** zuerst eventuell vorhandene **Klammern auf.**
- **Fasse**, falls nötig, gleiche Rechenausdrücke **zusammen**.
- **Forme** die Gleichung schrittweise **um**, bis die Variable alleine auf einer Seite steht.
- Du kannst dazu auf beiden Seiten der Gleichung **dieselbe Zahl addieren** oder **subtrahieren**, mit derselben Zahl **multiplizieren** oder durch dieselbe Zahl (ungleich 0) **dividieren**.

Beispiel

Löse die Gleichung $4(x+2)=15-(x-3)$ durch umformen.

Lösung:

$4(x+2)=15-(x-3)$		1. Schritt: **Klammern** auflösen.
$4x+8=15-x+3$		2. Schritt: **Zusammenfassen**
$4x+8=18-x$	$\mid +x$	3. Schritt: **Variablen** auf eine Seite.
$5x+8=18$	$\mid -8$	4. Schritt: **Zahlen** auf eine Seite.
$5x=10$	$\mid :5$	5. Schritt: Variable **isolieren**.
$x=2$		

Probe:

Setze $x=2$ in die Ausgangsgleichung ein.

$4(2+2)=15-(2-3)$

$4\cdot 4=15-(-1)$

$16=16$ (wahr)

135 Löse die Gleichungen und mache jeweils die Probe.

a) $7+5y=12$ b) $5b-4=36$

c) $9a-2=8a+1$ d) $6x+3=4x+7$

e) $20z+344{,}3=58{,}7z-42{,}7$ f) $0{,}14c-1{,}6=720{,}8-0{,}06c$

136 Bestimme x. Denke dabei an alle Rechenregeln. Die richtigen Ergebnisse kannst du in den Gewichten finden (2 bleiben übrig).

a) $\frac{1}{2}(4y-2)=19$

b) $4(x+2)=20$

c) $5+2(a+3)=18$

d) $3(x+1)=17-(2x-6)$

137 Löse die Aufgaben. Du erhältst ein Lösungswort, wenn du die Ergebnisse der Größe nach sortierst (beginne beim kleinsten Ergebnis).

a) $4-(x+5)=8x-19$ **M**

b) $26x+2(x-5)=-38$ **E**

c) $9y-50=6y-56$ **T**

d) $4-(x+7)=7x-3$ **R**

Lösungswort: ☐☐☐☐

Viele **Sachaufgaben** können mithilfe von Gleichungen gelöst werden. Folgender **Lösungsplan** hilft dir beim Bearbeiten solcher Aufgaben.

- Lege zuerst die **Variable x** für eine unbekannte Größe fest.
- **Alle anderen Größen** musst du mithilfe dieser Variablen ausdrücken.
- Stelle eine **Gleichung** auf.
- **Löse** die Gleichung wie gewohnt nach der Variablen auf.
- Überprüfe deine Lösung mithilfe einer **Probe** und schreibe einen vollständigen **Antwortsatz**.

Beispiel

Andrea, Britta und Chris sagen: „Dieses Jahr feiern wir zusammen unseren 100. Geburtstag." Chris ist 12 Jahre jünger als Britta, Andrea ist die älteste, sie ist dieses Jahr doppelt so alt wie Chris.

Lösung:

Alter Britta: x

1. Schritt: **Variable** festlegen.

Alter Chris: x **− 12**

Alter Andrea: **2**$(x-12)$

Alter zusammen: 100

2. Schritt: Drücke **die anderen Größen** mithilfe von x aus. Chris ist 12 Jahre **jünger** als Britta, Andrea ist **doppelt so alt** wie Chris.

3. Schritt: Stelle die **Gleichung** auf.

$$x+(x-12)+2(x-12)=100$$

4. Schritt: **Löse** die Gleichung.

$$x+x-12+2x-24=100$$
$$4x-36=100 \quad |\ +36$$
$$4x=136 \quad |\ :4$$
$$x=34$$

Britta ist 34 Jahre, Chris ist 22 Jahre und Andrea ist 44 Jahre. Alle zusammen sind 100 Jahre alt.

5. Schritt: Schreibe einen **Antwortsatz** und überprüfe dein Ergebnis noch einmal.

138 Stelle jeweils eine Gleichung auf und löse sie.

a) Addiere zu einer Zahl 20 und du erhältst als Ergebnis 38.

b) Wenn ich zum 3-Fachen meiner Zahl 2 addiere, erhalte ich 11.

c) Die Summe dreier aufeinander folgenden Zahlen ist 60.

d) Subtrahiere vom 10-Fachen deiner Zahl 8, so erhältst du 82.

139 Erfinde zu den folgenden Gleichungen selbst passende Textaufgaben.

a) $4x + 45 = 112$

b) $x + (x - 1) + (x - 2) = 50$

c) $x + (x + 14) + 2x = 78$

140 Ein Paket darf höchstens 12 kg wiegen.
Die Verpackung wiegt 500 g.

a) Wie viele Dosen zu je 300 g kann man höchstens einpacken?

b) Nun sollen zusätzlich Dosen mit 200 g verpackt werden.
Gib 3 Möglichkeiten an.

141 Bei einem Rechteck ist eine Seite 12 cm länger als die andere Seite.
Der gesamte Umfang beträgt 2,4 m. Berechne die Längen der einzelnen Seiten.
Fertige dazu eine Skizze an.

142 Der größere Winkel in einem Parallelogramm ist 5-mal so groß wie der kleinere Winkel. Berechne die Größe der 4 Winkel.

143 Frau Schneider und ihr Sohn sind zusammen 56 Jahre alt.
Die Mutter ist 3-mal so alt wie ihr Sohn.

144 Jens und Tim haben eine 5-tägige Radtour mit insgesamt 252 km zurückgelegt.
Am 2. Tag sind sie 5 km mehr als am 1. Tag geradelt,
am 3. Tag eine doppelt so lange Strecke wie am 1. Tag,
am 4. Tag schafften sie 5 km weniger als am 3. Tag
und am 5. Tag schafften sie 14 km mehr als am 1. Tag.

145 Carina hat im Schuhladen eingekauft: Die Turnschuhe waren um 5 € billiger als die Pumps. Die Flipflops waren im Angebot, sie haben nur halb so viel wie die Turnschuhe gekostet. Für alle Schuhe zusammen hat sie 60 € ausgegeben.

Funktionen

Wenn du in einem Obstladen diese Preistafeln siehst, kannst du dir mithilfe des **Dreisatzes** ganz leicht ausrechnen, wie viel ein oder fünf Kilogramm Nektarinen bzw. Birnen kosten, da es sich bei der Zuordnung Kilogramm → Preis um eine **proportionale Zuordnung** handelt.

1 Lineare Funktionen

Wenn 3 kg Nektarinen 3,99 € kosten, kannst du dir leicht ausrechnen, was 1 kg, 2 kg oder 6 kg kosten. Und wenn du nur noch 3,50 € im Geldbeutel hast, kannst du dir überlegen, wie viel kg du dafür von den Nektarinen bekommst.

> Wenn zum **Doppelten** (zum Dreifachen, zur Hälfte, ...) einer Größe auch das **Doppelte** (das Dreifache, die Hälfte, ...) der anderen Größe gehört, dann heißt die Zuordnung **proportional**.

Beispiele

1. 3 kg Nektarinen kosten 3,99 €. Was kosten 0,5 kg, 1 kg, 1,5 kg und 5 kg Nektarinen? Löse mithilfe einer **Wertetabelle**.

Lösung:

Menge (in kg)	0,5	1	1,5	3	5
Preis (in €)	0,67	1,33	2,00	3,99	6,65

(Pfeile in der Tabelle: von 1 nach 0,5 „: 2“; von 3 nach 1 „: 3“; von 3 nach 1,5 „: 2“; von 1 nach 5 „· 5“)

Du kannst alle Preise ausgehend von dem Preis für 3 kg Nektarinen durch **Multiplikation** oder **Division** berechnen.

2. Du hast noch 3,50 €. Wie viele Nektarinen bekommst du dafür? Löse mithilfe des **Dreisatzes**.

Lösung:

$3{,}99\ € \mathrel{\hat{=}} 3\ \text{kg}$

$\mathbf{1{,}00}\ € \mathrel{\hat{=}} 3\ \text{kg} : 3{,}99 \approx 0{,}75\ \text{kg}$

$3{,}50\ € \mathrel{\hat{=}} 0{,}75\ \text{kg} \cdot 3{,}50 \approx 2{,}6\ \text{kg}$

Du bekommst dafür etwa 2,6 kg Nektarinen.

Für 3,99 € bekommst du 3 kg Nektarinen. Berechne zuerst, wie viel kg du **für 1 €** bekommst, dann kannst du auf 3,50 € hochrechnen.

3. Stelle die Zuordnung als **Graph** dar.

Lösung:

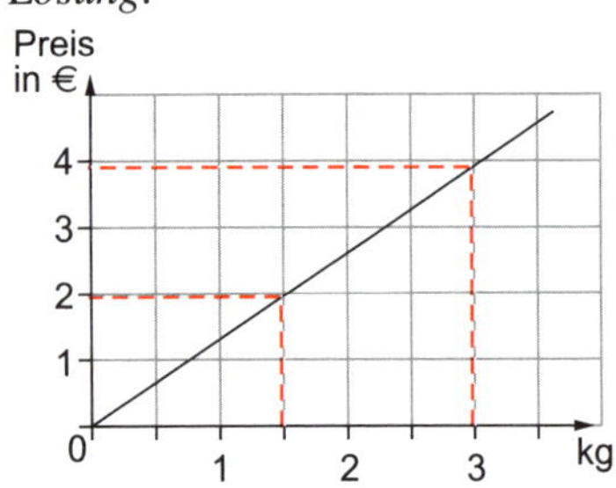

Du kannst den Graphen mithilfe der Wertetabelle erstellen: Auf der **x-Achse** musst du die Menge in kg eintragen. Auf der **y-Achse** wird der Preis eingetragen.

Der Graph der Zuordnung ist eine **Halbgerade**, die im **Ursprung** (Nullpunkt) beginnt.

146 Vervollständige die Tabellen so, dass proportionale Zuordnungen vorliegen.

a)

x	1	5	12	20	21
y		80			

b)

x	0,5	2	2,5	5	6
y		8			

147 Zeichne zu der folgenden Tabelle ein Schaubild.
Überprüfe, ob eine proportionale Zuordnung vorliegt.

x	1	2	5	6	10
y	3,5	7	19	21	35

148 Beim Austragen des Wochenblattes „WIM“ erhält Jan für 250 Prospekte 12,50 €. In den Ferien übernimmt er zusätzlich die Arbeit von 3 Freunden und trägt insgesamt 950 Prospekte aus. Wie hoch ist sein Verdienst?

149 Tim erhält bei seinem Ferienjob für 4 Stunden 24 €, sein Freund Daniel erhält bei 9 Stunden Arbeit 45 €. Vergleiche die Verdienste der beiden.

150 An einem norwegischen Flughafen gibt es 2 Wechselstuben.

Tanja reist von Deutschland nach Norwegen und Helga von Norwegen nach Deutschland. Wer sollte an welcher Wechselstube sein Geld tauschen?

151 In einer Gemeinde kostet 1 m^3 Wasser 2,12 €.

a) Erstelle eine Wertetabelle für den Preis von 1 m^3 bis 10 m^3 Wasser.

b) Zeichne einen entsprechenden Graphen.

c) Lies aus der Zeichnung ab, wie viel m^3 Wasser man für 6 € bzw. 8 € bekommt, und kontrolliere durch eine Rechnung.

Jede proportionale Zuordnung ist ein Spezialfall einer **linearen Funktion**.

- Jede Funktion, deren Graph eine Gerade ist, heißt **lineare Funktion**.
  Die Gerade muss dabei nicht zwingend durch den Ursprung verlaufen.
- Man nennt solche Zuordnungen auch **Zuordnungen mit Grundbetrag**.

Beispiel

Ein Umzugsunternehmen bietet nebenstehende Konditionen für einen Kleintransporter.
Erstelle ein Schaubild.

Lösung:

▶ **Wertetabelle:**

Strecke (km)	0	20	40	60	80
Preis (€)	95	107	119	131	143

Addiere zum Grundpreis jeweils den Preis für die gefahrenen Kilometer.

▶ **Schaubild:**

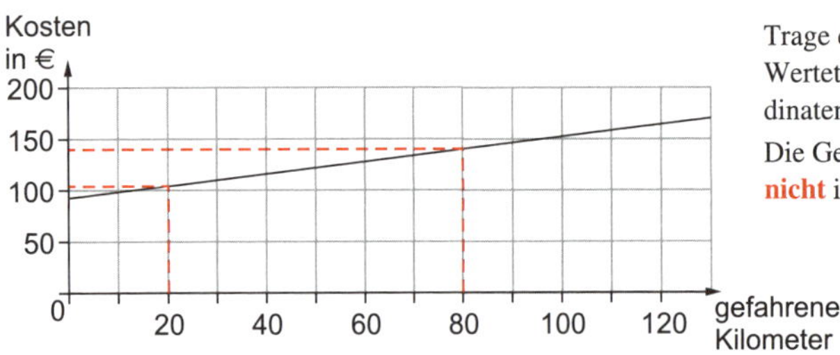

Trage die Punkte aus der Wertetabelle in das Koordinatensystem ein.
Die Gerade beginnt hier **nicht** im Ursprung.

152 Für Handyverträge gibt es verschiedene Angebote. 3 sind hier dargestellt.

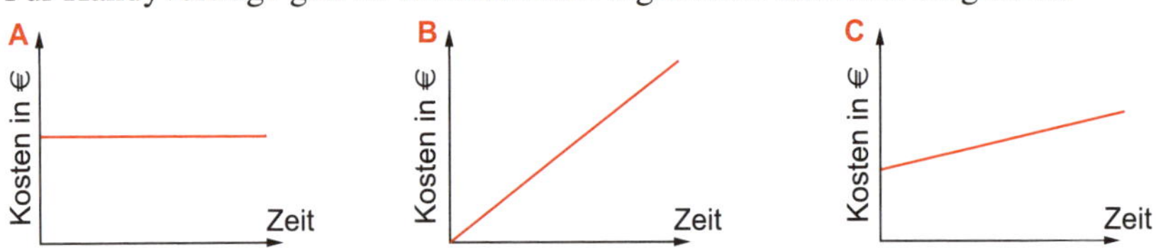

a) Welche Aussage gehört zu welchem Schaubild? Ordne richtig zu.
- ☐ Egal, wie lange ich telefoniere, ich bezahle immer gleich viel.
- ☐ Ich bezahle nur dann, wenn ich auch wirklich telefoniere.
- ☐ Auch wenn ich nicht telefoniere, muss ich eine Grundgebühr bezahlen.

b) Bei welchem Tarif handelt es sich um eine proportionale Zuordnung?

153 „Leasen Sie Ihr Auto für 210 € pro Monat bei uns."

Erstelle eine Wertetabelle und zeichne ein Schaubild, aus dem man ablesen kann, wie viel das Auto bei einer Fahrtstrecke von 100 km, 200 km, …, 1 000 km pro Monat kostet, wenn der Liter Benzin 1,50 € kostet und das Auto durchschnittlich 7 Liter auf 100 km benötigt.

154 Bei einem Stromanbieter gibt es 2 Tarife:
Tarif A: jährliche Grundgebühr von 75 €, 18 ct pro kWh
Tarif B: jährliche Grundgebühr von 105 €, 15 ct pro kWh

a) Erstelle eine Tabelle für die Kosten bei einem Verbrauch von 1 000 kWh, 2 000 kWh, 3 000 kWh bzw. 4 000 kWh

b) Stelle die Gebühren in einem Diagramm dar.

c) Wann ist welcher Tarif günstiger? Lies aus dem Diagramm ab.

155 Hier siehst du ein Diagramm für die Kosten einer Taxifahrt:

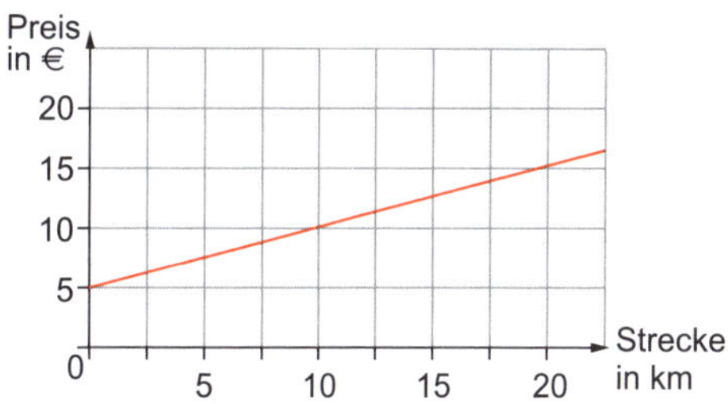

a) Wie viel kostet eine Fahrt von 10 km, 15 km und 20 km?

b) Berechne, wie viel du für eine Fahrt von 100 km bezahlen musst. Entnimm die nötigen Angaben dem Diagramm.

156 Der Landkreis Rottweil erhebt von seinen Bewohnern folgende Abfallgebühren.

Anzahl der Personen pro Haushalt	jährliche Gebühr in €
1	74
2	134
3	182
4	220
5	247
6	268

Ist die Zuordnung der jährlichen Abfallgebühr zur Anzahl der Personen pro Haushalt proportional? Versuche zu erklären.

2 Schaubilder funktionaler Zusammenhänge

Neben den proportionalen Zuordnungen und den linearen Funktionen gibt es weiter funktionale Zusammenhänge, beispielsweise **Weg-Zeit-Zusammenhänge** oder **Füllvorgänge**.

- In **Schaubildern funktionaler Zusammenhänge** wird die Größe der Ausgangsmenge auf der **x-Achse** dargestellt, die Größe der zugeordneten Größe wird auf der **y-Achse** dargestellt.
- Achte beim Erstellen oder Auswerten solcher Schaubilder immer auf den **Maßstab** der beiden Achsen. Durch verschiedene Maßstäbe kann der gleiche Graph völlig unterschiedliche Wirkungen erzielen.

Beispiele

1. Lena geht jeden Morgen zur Schule. Nachdem sie von der Wohnung gestartet ist, muss sie schon bald an einer Ampel warten, dann geht es weiter bis zur Bushaltestelle. Nachdem sie kurz auf den Bus wartet, steigt sie bei der 2. Haltestelle wieder aus und geht noch ein Stück zur Schule. Erstelle ein Schaubild.

Lösung:

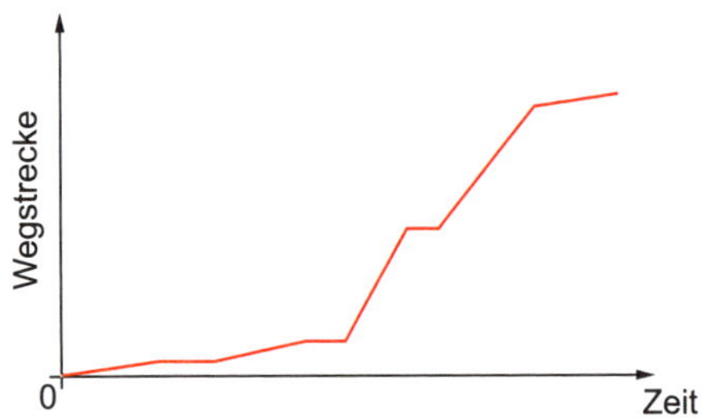

Lies den Text genau.

Der Zeit wird die Wegstrecke zugeordnet.

Immer wenn Lena sich fortbewegt, muss der Graph **steigen**, steht Lena, ist der Graph eine **Parallele zur x-Achse**.

Je schneller sich Lena fortbewegt, umso **steiler** ist der Graph.

2. Hier siehst du den Graphen für die Kosten eines Telefontarifs in unterschiedlichen Maßstäben. Erkläre die Unterschiede und überlege, welchen Graph die Telefongesellschaft vermutlich zu Werbezwecken verwenden wird.

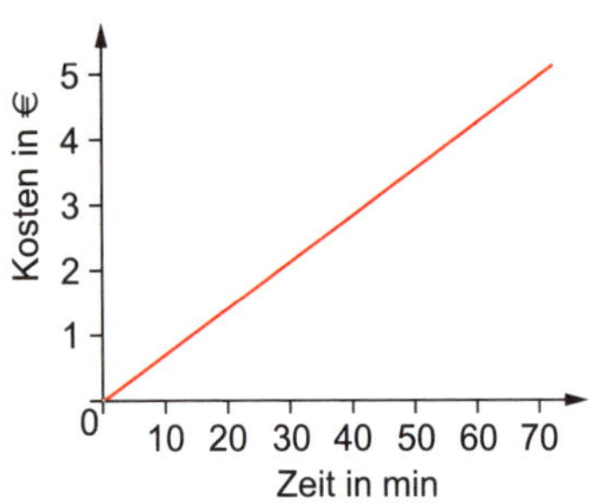

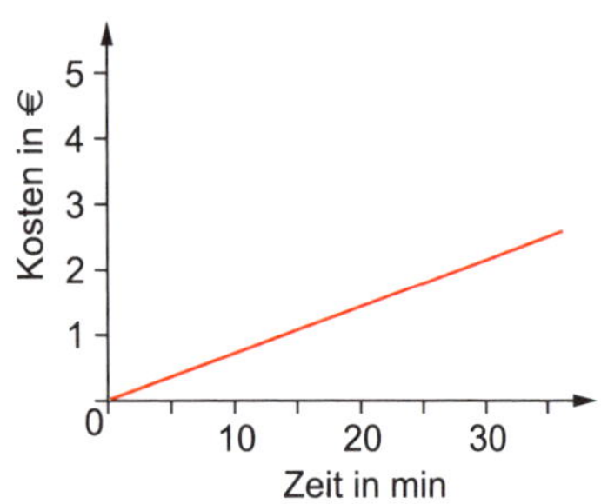

Lösung:
Auf der x-Achse wurde beim 1. Graphen ein anderer Maßstab als beim 2. Graphen gewählt. Dadurch steigt die Gerade beim 1. Graphen schneller an. Es entsteht der Eindruck, dass auch die Kosten schneller ansteigen. Die Firma wird daher eher die 2. Grafik zu Werbezwecken verwenden.

157 a) Erstelle zu folgendem Schulweg ein Schaubild:
Kurz nachdem Manu losgegangen ist, merkt er, dass er seine Brotzeit vergessen hat. Er rennt noch einmal zurück und dann wieder los zur Bushaltestelle. Er erreicht die Haltestelle gerade noch rechtzeitig und steigt sofort in den Bus ein. Eine Haltestelle weiter steigt Manu direkt vor der Schule aus und unterhält sich mit Freunden. Kurz vor dem Klingeln betritt er das Gebäude.

b) Schreibe zu diesem Schaubild selbst eine kurze Geschichte, es stellt den Verlauf einer Wanderung dar.

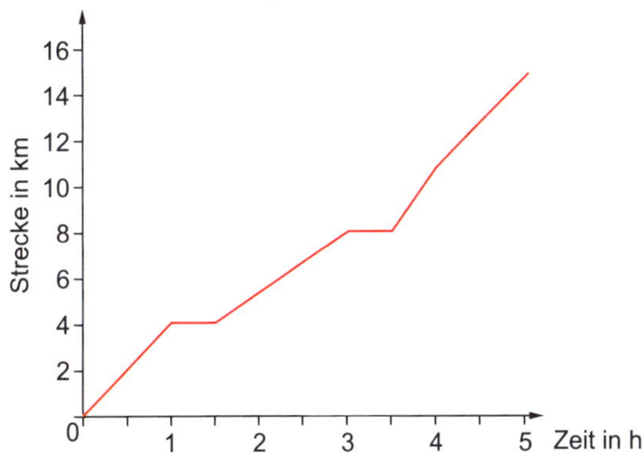

158 Lars möchte gerne eine Taschengelderhöhung. Dazu hat er jeweils für sich und seinen Freund Jan einen Graphen gezeichnet, der die Höhe des Taschengelds in den letzten Jahren darstellt.

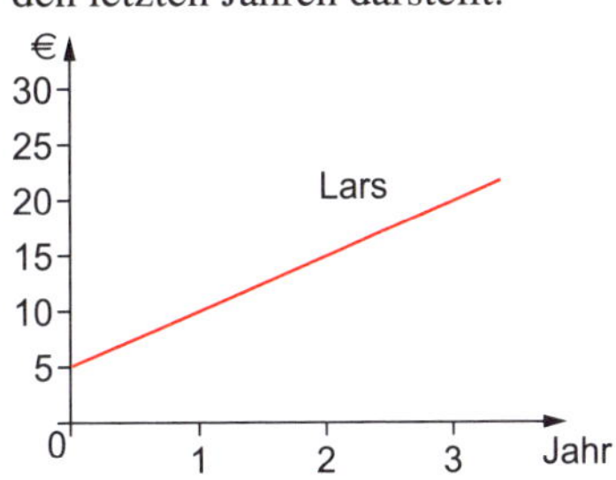

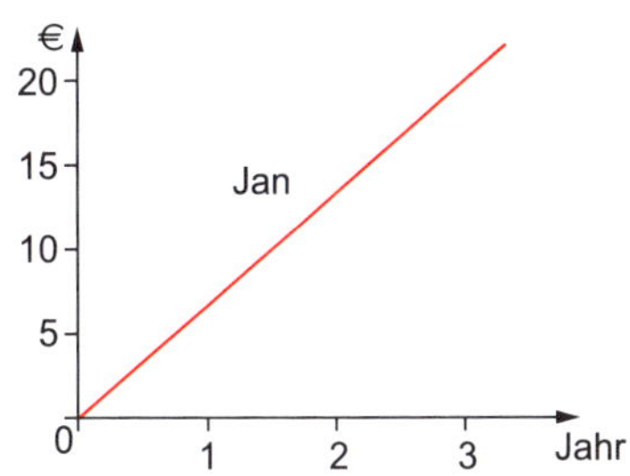

a) Beschreibe die Unterschiede der Graphen.

b) Wie wird Lars bei seinen Eltern argumentieren?

c) Was werden seine Eltern dazu sagen?

159 Für eine Taxifahrt bei „Taxi InCity“ muss eine Grundgebühr von 2,50 € bezahlt werden. Jeder Kilometer kostet 1,60 €.
Erstelle ein Diagramm, das auf einen schnellen Anstieg der Kosten schließen lässt, und ein Diagramm, das auf einen langsamen Anstieg der Kosten schließen lässt.

160 Hier siehst du 3 Gefäße, die durch einen gleichmäßig fließenden Wasserhahn gefüllt werden. Die Graphen veranschaulichen die Zuordnung Zeit → Füllhöhe. Welcher Graph gehört zu welchem Gefäß?

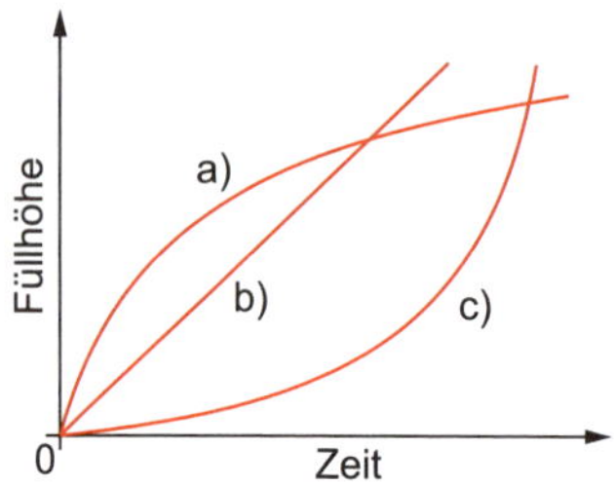

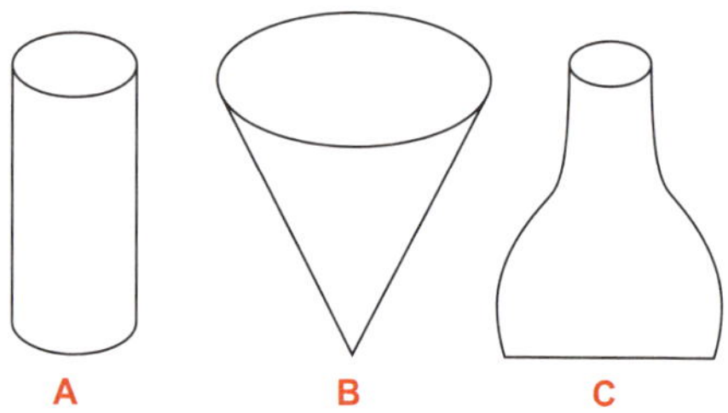

161 Als Sebastian Vettel das erste Mal das Formel-1-Rennen in Abu Dhabi gewann, war er der jüngste Rennfahrer, dem das gelang.
Hier siehst du den Streckenverlauf des Rennens und 3 Weg-Geschwindigkeitsgraphen. Ordne den Graphen die passenden Streckenabschnitte zu.

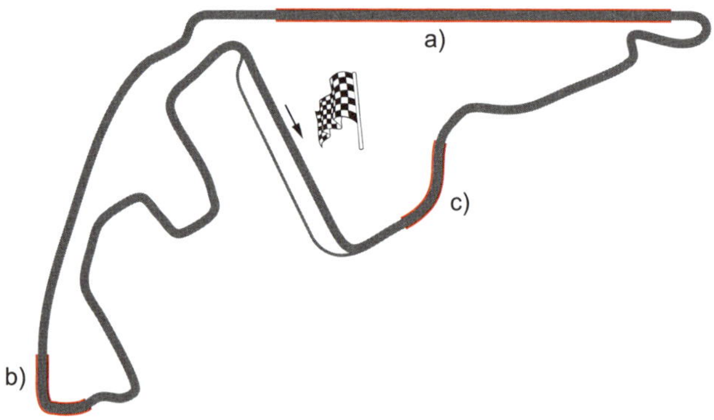

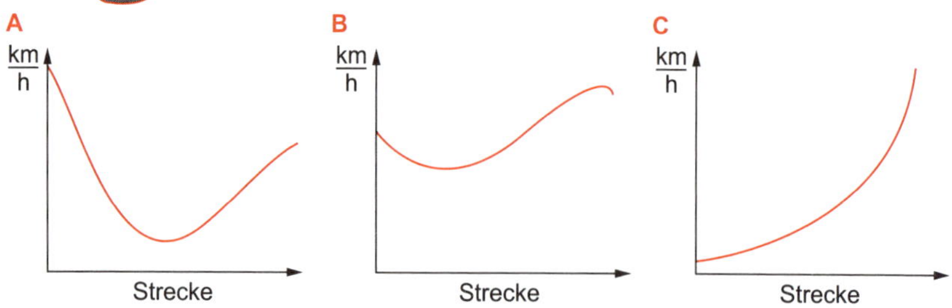

Lösungen

Jeder Knoten, so kompliziert er auch aussehen mag, lässt sich mit etwas **Geduld** lösen. Genauso ist es auch mit den Aufgaben in diesem Buch. Solltest du trotzdem einmal nicht weiterkommen, helfen dir die folgenden Lösungen.

1

	Prozent	gekürzter Bruch	Dezimalbruch
a)	1 %	$\frac{1}{100}$	0,01
b)	10 %	$\frac{10}{100} = \frac{1}{10}$	0,1
c)	20 %	$\frac{20}{100} = \frac{1}{5}$	0,2
d)	50 %	$\frac{1}{2} = \frac{5}{10}$	0,5
e)	25 %	$\frac{1}{4} = \frac{25}{100}$	0,25
f)	12,5 %	$\frac{1}{8} = \frac{125}{100}$	0,125
g)	75 %	$\frac{75}{100} = \frac{3}{4}$	0,75
h)	100 %	$\frac{100}{100} = 1$	1

2 a) 40 % weiß

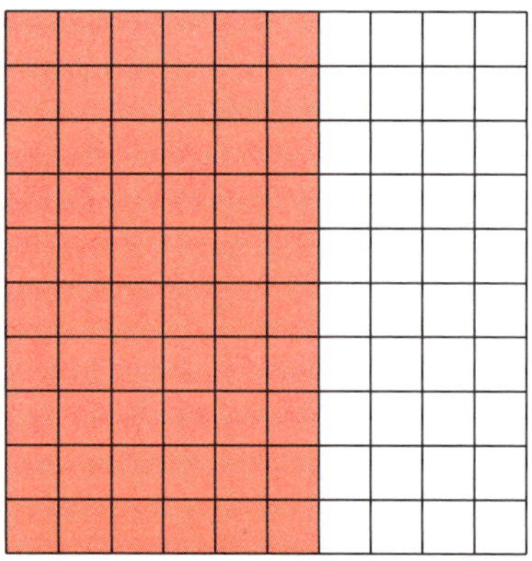

b) 25 % weiß

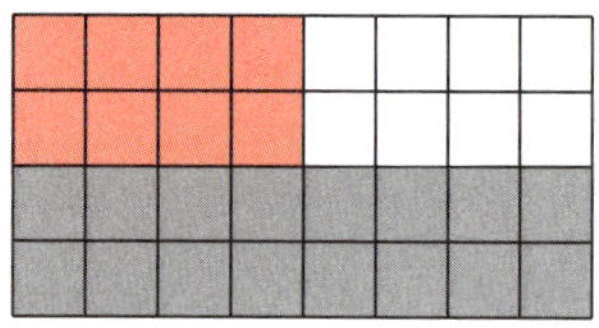

c) 70 % weiß

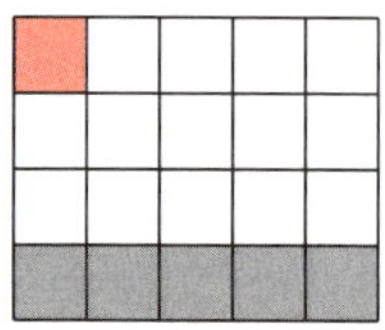

3 a) $\frac{4}{8} = \frac{1}{2} = 50\,\%$

b) $\frac{1}{4} = 25\,\%$

c) $\frac{7}{8} = 87{,}5\,\%$

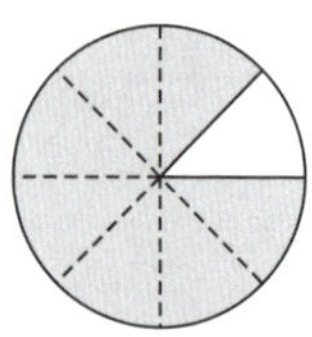

d) $\frac{1}{10} = 10\,\%$

4

	200 m	**500 €**	**75 kg**	**80 Punkte**
1 %	2 m	5 €	0,75 kg	0,8 Punkte
10 %	20 m	50 €	7,5 kg	8 Punkte
20 %	40 m	100 €	15 kg	16 Punkte
50 %	100 m	250 €	37,5 kg	40 Punkte
75 %	150 m	375 €	56,25 kg	60 Punkte

Alle Aufgaben zur Prozentrechnung können entweder mit der **Formel** oder mit dem **Dreisatz** gelöst werden. Im Folgenden wird immer nur eine Möglichkeit angegeben.

5 a) $P = \frac{G \cdot p}{100}$

$P = \frac{550 \cdot 74}{100}$

$P = 407$

407 Bürger haben Mike Smith gewählt.

b) $p = \frac{P \cdot 100}{G}$

$p = \frac{66 \cdot 100}{550}$

$p\,\% = 12\,\%$

12 % haben für Tom Miller gestimmt.

c) $G = \frac{P \cdot 100}{p}$

$G = \frac{510 \cdot 100}{85}$

$G = 600$

Der Ort hat 600 Bürger.

6 a) $100\,\% \mathrel{\hat{=}} 80\,000$ Plätze
$1\,\% \mathrel{\hat{=}} 800$ Plätze
$31\,\% \mathrel{\hat{=}} 24\,800$ Plätze
Das Stadion hat 24 800 Stehplätze.

b) $69\,000$ Plätze $\mathrel{\hat{=}} 100\,\%$
1 Platz $\mathrel{\hat{=}} 0{,}00144\ldots\,\%$
$13\,500$ Plätze $\mathrel{\hat{=}} 19{,}56\ldots\,\% \approx 19{,}6\,\%$
Etwa 19,6 % der Plätze sind Stehplätze.

c) $18\,\% \mathrel{\hat{=}} 10\,000$ Plätze
$1\,\% \mathrel{\hat{=}} 555{,}55\ldots$ Plätze
$100\,\% \mathrel{\hat{=}} 55\,555{,}5\ldots$ Plätze $\approx 55\,556$ Plätze
In das Stadion passen 55 556 Zuschauer.

7

a 8	1	■	b 2	c 4	6	d 2
6	■	e 1	0	0	■	5
■	f 2	9	0	■	g 3	■
h 7	0	5	■	i 6	0	j 4
8	■	■	k 1	2	0	0

8 **Klasse 5 a:**

$$p = \frac{P \cdot 100}{G}$$

$$p = \frac{18 \cdot 100}{27}$$

$$p\,\% \approx 66{,}7\,\%$$

Klasse 5 b:

$$p = \frac{P \cdot 100}{G}$$

$$p = \frac{19 \cdot 100}{25}$$

$$p\,\% = 76\,\%$$

Klasse 5 c:

$$p = \frac{P \cdot 100}{G}$$

$$p = \frac{20 \cdot 100}{22}$$

$$p\,\% \approx 90{,}9\,\%$$

Klasse 6 a:

$$p = \frac{P \cdot 100}{G}$$

$$p = \frac{15 \cdot 100}{20}$$

$$p\,\% = 75\,\%$$

Klasse 6 b:

$$p = \frac{P \cdot 100}{G}$$

$$p = \frac{17 \cdot 100}{24}$$

$$p\,\% \approx 70{,}8\,\%$$

Klasse 6 c:

$$p = \frac{P \cdot 100}{G}$$

$$p = \frac{23 \cdot 100}{25}$$

$$p\,\% = 92\,\%$$

Klasse 7 a:

$$P = \frac{G \cdot p}{100}$$

$$P = \frac{28 \cdot 75}{100}$$

$$P = 21$$

Klasse 7 b:

$$P = \frac{G \cdot p}{100}$$

$$P = \frac{25 \cdot 80}{100}$$

$$P = 20$$

Klasse 7 c:

$$P = \frac{G \cdot p}{100}$$

$$P = \frac{20 \cdot 70}{100}$$

$$P = 14$$

Klasse 9 a:

$$G = \frac{P \cdot 100}{p}$$

$$G = \frac{18 \cdot 100}{90}$$

$$G = 20$$

Klasse 9 b:

$$G = \frac{P \cdot 100}{p}$$

$$G = \frac{20 \cdot 100}{80}$$

$$G = 25$$

Klasse 9 c:

$$G = \frac{P \cdot 100}{p}$$

$$G = \frac{21 \cdot 100}{70}$$

$$G = 30$$

9 a) $P = \frac{G \cdot p}{100}$

$$P = \frac{0{,}75\,\ell \cdot 56}{100}$$

$$P = 0{,}42\,\ell = 420\,m\ell$$

Die Saftschorle enthält 420 $m\ell$ Fruchtsaft.

b) $400\ m\ell + 350\ m\ell = 750\ m\ell$

$$p = \frac{P \cdot 100}{G}$$

$$p = \frac{400\ m\ell \cdot 100}{750\ m\ell}$$

$p\ \% \approx 53{,}3\ \%$

Die Schorle enthält etwa 53,3 % Saft.

Der **Grundwert** ist hier die **gesamte** Flüssigkeitsmenge.

c) $45\ \% \triangleq 500\ m\ell$

$1\ \% \triangleq 11{,}11\ldots\ m\ell$

$100\ \% \triangleq 1111{,}11\ldots\ m\ell \approx 1{,}1\ \ell$

Man kann etwa 1,1 Liter Apfelsaftschorle herstellen.

10 $100\ \% + 19\ \% = 119\ \%$

Motoröl:

$100\ \% \triangleq 5{,}80\ €$

$1\ \% \triangleq 0{,}058\ €$

$119\ \% \triangleq 6{,}902\ € \approx 6{,}90\ €$

Handschuhe:

$100\ \% \triangleq 27{,}50\ €$

$1\ \% \triangleq 0{,}275\ €$

$119\ \% \triangleq 32{,}725\ € \approx 32{,}73\ €$

Helm:

$100\ \% \triangleq 199\ €$

$1\ \% \triangleq 1{,}99\ €$

$119\ \% \triangleq 236{,}81\ €$

Motorrad:

$100\ \% \triangleq 4\,025{,}50\ €$

$1\ \% \triangleq 40{,}255\ €$

$119\ \% \triangleq 4\,790{,}345\ € \approx 4\,790{,}35\ €$

11 $100\ \% - 14\ \% = 86\ \%$

$100\ \% \triangleq 5{,}98\ €$

$1\ \% \triangleq 0{,}0598\ €$

$86\ \% \triangleq 5{,}1428\ € \approx 5{,}14\ €$

Der Kunde muss 5,14 € bezahlen.

12

	alter Preis	Preisnachlass	neuer Preis
a)	49,00 €	10 %	**44,10 €**
b)	255,75 €	12,5 %	**223,78 €**
c)	269,80 €	3 %	**261,71 €**
d)	**444,44 €**	10 %	400,00 €
e)	**66,67 €**	25 %	50,00 €

a) Wachstumsfaktor: $1-\frac{10}{100}=0{,}9$

$49{,}00\text{ €}\cdot\mathbf{0{,}9}=44{,}10\text{ €}$

b) Wachstumsfaktor: $1-\frac{12{,}5}{100}=0{,}875$

$255{,}75\text{ €}\cdot\mathbf{0{,}875}\approx 223{,}78\text{ €}$

c) Wachstumsfaktor: $1-\frac{3}{100}=0{,}97$

$269{,}80\text{ €}\cdot\mathbf{0{,}97}\approx 261{,}71\text{ €}$

d) $100\,\%-10\,\%=90\,\%$

$\mathbf{90}\,\% \mathrel{\hat{=}} 400{,}00\text{ €}$

$1\,\% \mathrel{\hat{=}} 4{,}444\ldots\text{ €}$

$100\,\% \mathrel{\hat{=}} 444{,}444\ldots\text{ €}\approx 444{,}44\text{ €}$

e) $100\,\%-25\,\%=75\,\%$

$\mathbf{75}\,\% \mathrel{\hat{=}} 50{,}00\text{ €}$

$1\,\% \mathrel{\hat{=}} 0{,}666\ldots\text{ €}$

$100\,\% \mathrel{\hat{=}} 66{,}666\ldots\text{ €}\approx 66{,}67\text{ €}$

13 Wachstumsfaktor: $1+\frac{7}{100}=1{,}07$

a) $0{,}85\text{ €}\cdot\mathbf{1{,}07}\approx 0{,}91\text{ €}$

$12\cdot 12\cdot 0{,}91\text{ €}=131{,}04\text{ €}$ 12 Kisten mit je 12 Flaschen

b) $1{,}01\text{ €}\cdot\mathbf{1{,}07}\approx 1{,}08\text{ €}$

$10\cdot 12\cdot 1{,}08\text{ €}=129{,}60\text{ €}$ 10 Kisten mit je 12 Flaschen

c) $0{,}35\text{ €}\cdot\mathbf{1{,}07}\approx 0{,}37\text{ €}$

$5\cdot 12\cdot 0{,}37\text{ €}=22{,}20\text{ €}$ 5 Kisten mit je 12 Flaschen

14 Preis mit **MwSt.:**

$100\,\% + 19\,\% = 119\,\%$

Berechne **zuerst** den Preis mit MwSt.

$100\,\% \mathrel{\hat{=}} 499\,€$
$1\,\% \mathrel{\hat{=}} 4{,}99\,€$
$119\,\% \mathrel{\hat{=}} 593{,}81\,€$

Preis nach **Skonto:**

$100\,\% - 2\,\% = 98\,\%$

$100\,\% \mathrel{\hat{=}} 593{,}81\,€$
$1\,\% \mathrel{\hat{=}} 5{,}9381\,€$
$98\,\% \mathrel{\hat{=}} 581{,}9338\,€ \approx 581{,}93\,€$

Rechne nun mit dem **neuen** Grundwert.

oder:

Wachstumsfaktoren:

$1 + \frac{19}{100} = 1{,}19; \quad 1 - \frac{2}{100} = 0{,}98$

Du kannst den Wert auch direkt berechnen, indem du die **Wachstumsfaktoren verkettest**.

$499\,€ \cdot 1{,}19 \cdot 0{,}98 \approx 581{,}93\,€$

Der Laptop kostet bei Barzahlung 581,93 €.

15 a) Daniels Überlegungen stimmen **nicht**. Die Reduzierungen beziehen sich immer auf einen neuen Grundwert und dürfen daher nicht addiert werden.

b) $100\,\% - 12\,\% = 88\,\%$ — Preis nach 1. Reduzierung
$100\,\% - 10\,\% = 90\,\%$ — Preis nach 2. Reduzierung
$100\,\% - 3\,\% = 97\,\%$ — Preis nach Skonto

Malerset:

$100\,\% \mathrel{\hat{=}} 25{,}99\,€$
$1\,\% \mathrel{\hat{=}} 0{,}2599\,€$
$88\,\% \mathrel{\hat{=}} 22{,}8712\,€ \approx 22{,}87\,€$

Berechne zuerst den Preis nach der 1. Reduzierung.

$100\,\% \mathrel{\hat{=}} 22{,}87\,€$
$1\,\% \mathrel{\hat{=}} 0{,}2287\,€$
$90\,\% \mathrel{\hat{=}} 20{,}583\,€ \approx 20{,}58\,€$

Berechne den Preis nach der 2. Reduzierung ausgehend von deinem **neuen** Grundwert.

$100\,\% \mathrel{\hat{=}} 20{,}58\,€$
$1\,\% \mathrel{\hat{=}} 0{,}2058\,€$
$97\,\% \mathrel{\hat{=}} 19{,}9626\,€ \approx 19{,}96\,€$

Den Preis nach Skonto berechnest du am Ende.

oder:

Wachstumsfaktoren: 0,88; 0,9; 0,97

Verkette die **Wachstumsfaktoren**.

$25{,}99\,€ \cdot 0{,}88 \cdot 0{,}9 \cdot 0{,}97 \approx 19{,}97\,€$

Durch Rundung weicht das Ergebnis hier um 0,01 ab.

Akkuschrauber:

100 % ≙ 99,99 €
1 % ≙ 0,9999 €
88 % ≙ 87,9912 € ≈ 87,99 €

100 % ≙ **87,99** €
1 % ≙ 0,8799 €
90 % ≙ 79,191 € ≈ 79,19 €

100 % ≙ **79,19** €
1 % ≙ 0,7919 €
97 % ≙ 76,8143 € ≈ 76,81 €

oder:
99,99 € · **0,88** · **0,9** · **0,97** ≈ 76,82 €

16

	Frau Graf	Frau Weber
ursprünglicher Monatslohn	1 920,00 €	2 130,00 €
Montaslohn ab Januar	**1 954,56 €**	**2 168,34 €**
Monatslohn ab September	**1 964,33 €**	**2 179,18 €**
Jahreslohn	**23 493,80 €**	**26 063,44 €**

Monatslohn ab Januar:
100 % + 1,8 % = 101,8 %

Frau Graf:
100 % ≙ 1 920 €
1 % ≙ 19,20 €
101,8 % ≙ 1 954,56 €

Frau Weber:
100 % ≙ 2 130 €
1 % ≙ 21,30 €
101,8 % ≙ 2 168,34 €

Monatslohn ab September:
100 % + 0,5 % = 100,5 %

Frau Graf:
100 % ≙ **1 954,56 €**
1 % ≙ 19,5456 €
100,5 % ≙ 1 964,3328 € ≈ 1 964,33 €

Als Grundwert dient der Lohn ab Januar.

Frau Weber:

$100\ \% \mathrel{\hat{=}} \mathbf{2\,168{,}34}\ €$

$1\ \% \mathrel{\hat{=}} 21{,}6834\ €$

$\mathbf{100{,}5}\ \% \mathrel{\hat{=}} 2\,179{,}1817\ € \approx 2\,179{,}18\ €$

Jahreslohn:

Frau Graf:

$\mathbf{8} \cdot 1\,954{,}56\ € + \mathbf{4} \cdot 1\,964{,}33\ € = 23\,493{,}80\ €$

Januar bis August: 8 Monate
September bis Dezember: 4 Monate

Frau Weber:

$\mathbf{8} \cdot 2\,168{,}34\ € + \mathbf{4} \cdot 2\,179{,}18\ € = 26\,063{,}44\ €$

17 a) $620{,}00\ € \mathrel{\hat{=}} 100\ \%$

$1\ € \mathrel{\hat{=}} 0{,}161\ldots\ \%$

$498{,}10\ € \mathrel{\hat{=}} 80{,}338\ldots\ \% \approx 80{,}3\ \%$

Die Abgaben betragen bei Chiara **100 % – 80,3 %** = 19,7 %.

b) $80{,}3\ \% \mathrel{\hat{=}} 420{,}25\ €$

$1\ \% \mathrel{\hat{=}} 5{,}233\ldots\ €$

$100\ \% \mathrel{\hat{=}} 523{,}349\ldots\ € \approx 523{,}35\ €$

Nadine verdient 523,35 € brutto.

18 a) **Jacke:**

$100\ \% - 21\ \% = 79\ \%$

$\mathbf{79}\ \% \mathrel{\hat{=}} 35{,}50\ €$

$1\ \% \mathrel{\hat{=}} 0{,}449\ldots\ €$

$100\ \% \mathrel{\hat{=}} 44{,}936\ldots\ € \approx 44{,}94\ €$

Rock:

$100\ \% - 12\ \% = 88\ \%$

$\mathbf{88}\ \% \mathrel{\hat{=}} 21{,}98\ €$

$1\ \% \mathrel{\hat{=}} 0{,}249\ldots\ €$

$100\ \% \mathrel{\hat{=}} 24{,}977\ldots\ € \approx 24{,}98\ €$

Mantel:

$100\ \% + 10\ \% = 110\ \%$

$\mathbf{110}\ \% \mathrel{\hat{=}} 120\ €$

$1\ \% \mathrel{\hat{=}} 1{,}090\ldots\ €$

$100\ \% \mathrel{\hat{=}} 109{,}090\ldots\ € \approx 109{,}09\ €$

Schal:

100 % + 25 % = 125 %

125 % $\hat{=}$ 31,29 €

1 % $\hat{=}$ 0,25032 €

100 % $\hat{=}$ 25,032 € ≈ 25,03 €

b) **Ursprünglicher Preis insgesamt:**

44,94 € + 24,98 € + 109,09 € + 25,03 € = 204,04 €

Neuer Preis insgesamt:

35,50 € + 21,98 € + 120 € + 31,29 € = 208,77 €

Die Chefin hat **208,77 € – 204,04 €** = 4,73 € mehr verdient.

19 Sandra ernährt sich zu eiweißreich, da dieser Anteil bei ihr etwa 25 % ausmacht. Herr Bergmann nimmt ebenfalls zu viel Eiweiß (etwa 38 %) und dafür zu wenig Kohlenhydrate (etwa 38 %) zu sich.
Frau Hafner ernährt sich richtig. Da sie Ausdauersportlerin ist, soll sie mehr Kohlenhydrate und Eiweiß zu sich nehmen.

20 a)

A	B	C	D	E
52 %	1 %	25 %	90 %	33 %

b)

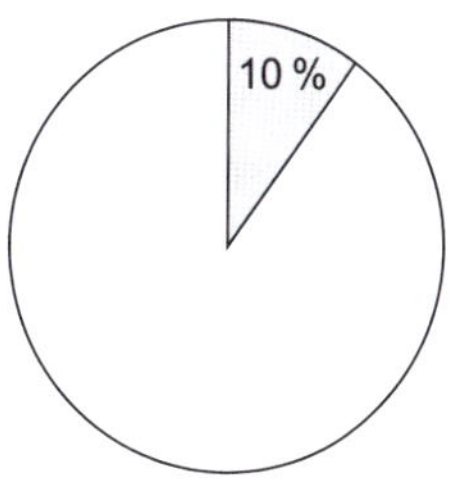

100 % $\hat{=}$ 360°

1 % $\hat{=}$ 3,6°

10 % $\hat{=}$ 36°

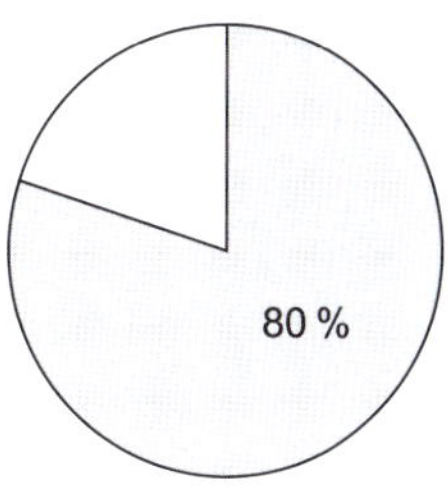

100 % $\hat{=}$ 360°

1 % $\hat{=}$ 3,6°

80 % $\hat{=}$ 288°

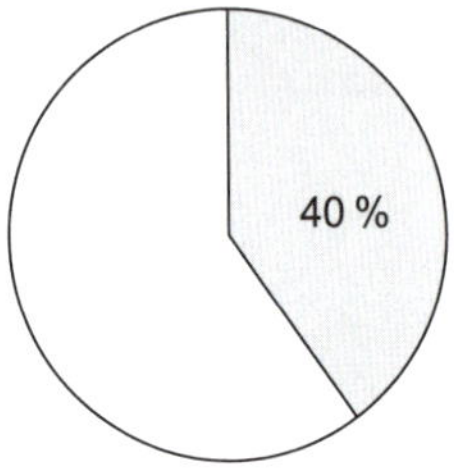

100 % ≙ 360°
1 % ≙ 3,6°
40 % ≙ 144°

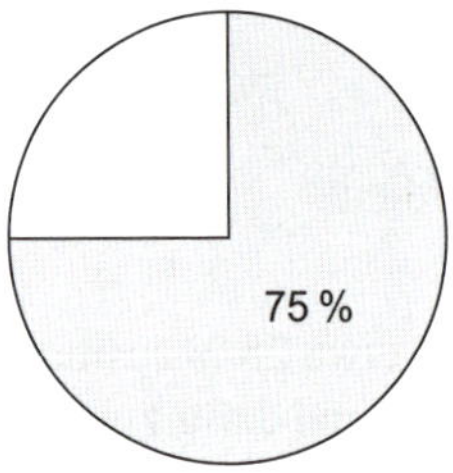

100 % ≙ 360°
1 % ≙ 3,6°
75 % ≙ 270°

21 578 Schüler ≙ 100 %
1 Schüler ≙ 0,173… %
128 Schüler ≙ 22,1… % ≈ 22 % (rot)
179 Schüler ≙ 30,9… % ≈ 31 % (schwarz)
84 Schüler ≙ 14,5… % ≈ 15 % (blau)
95 Schüler ≙ 16,4… % ≈ 16 % (braun)
72 Schüler ≙ 12,4… % ≈ 12 % (grün)
ungültig: 100 % – 22 % – 31 % – 15 % – 16 % – 12 % = 4 %

Säulendiagramm:

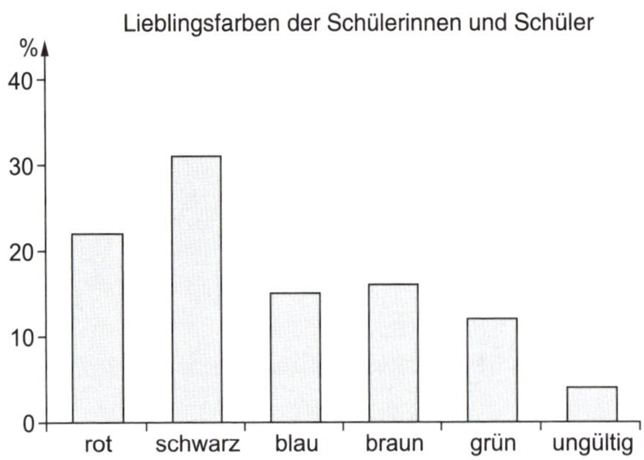

Balkendiagramm:

Lieblingsfarben der Schülerinnen und Schüler

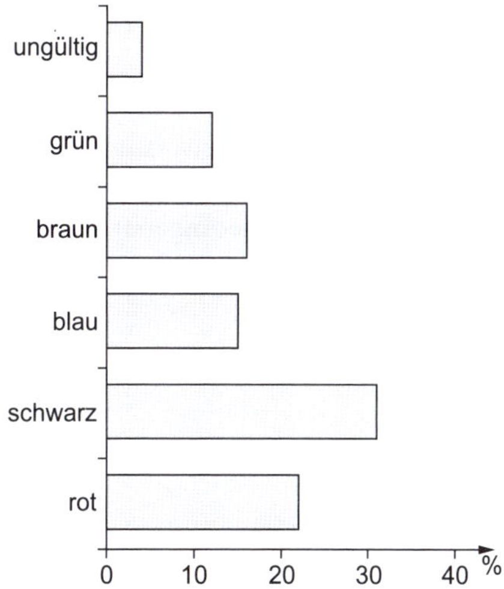

Streifendiagramm:

Lieblingsfarben der Schülerinnen und Schüler

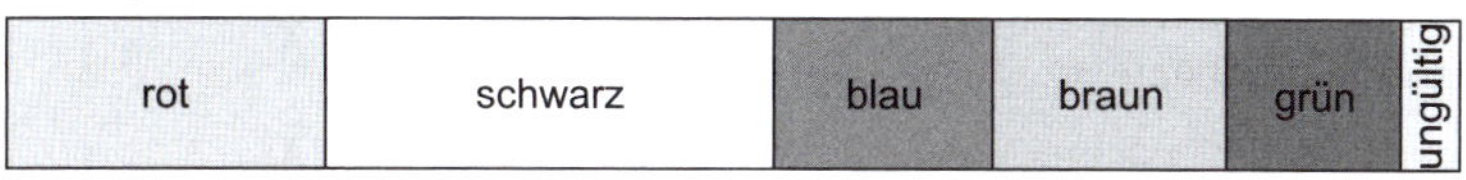

Kreisdiagramm:

Lieblingsfarben der Schülerinnen und Schüler

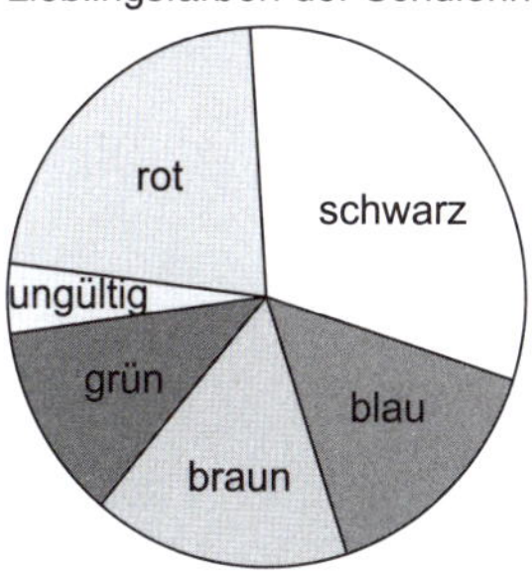

$100\,\% \mathrel{\hat{=}} 360°$

$1\,\% \mathrel{\hat{=}} 3{,}6°$

$22\,\% \mathrel{\hat{=}} 79{,}2°$ (rot)

$31\,\% \mathrel{\hat{=}} 111{,}6°$ (schwarz)

$15\,\% \mathrel{\hat{=}} 54°$ (blau)

$16\,\% \mathrel{\hat{=}} 57{,}6°$ (braun)

$12\,\% \mathrel{\hat{=}} 43{,}2°$ (grün)

$4\,\% \mathrel{\hat{=}} 14{,}4°$ (ungültig)

22 Bestandteile der Müslimischung

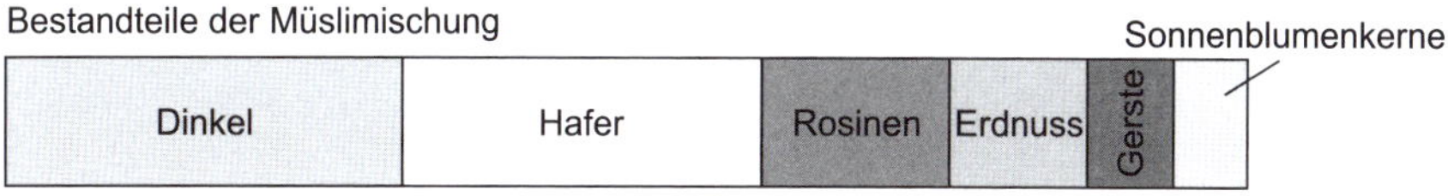

23 a)

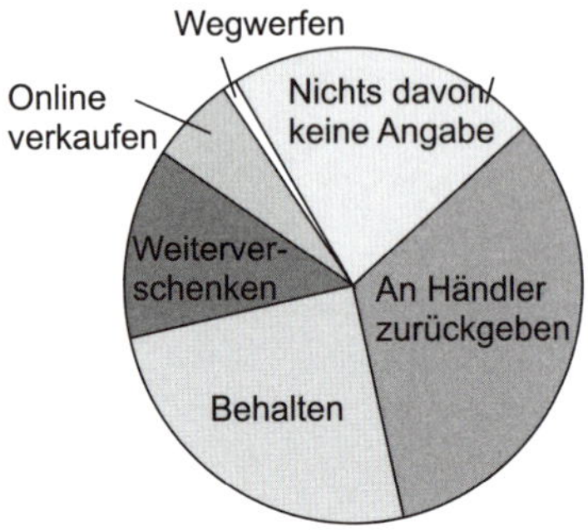

100 % ≙ 360°	
1 % ≙ 3,6°	(Wegwerfen)
33 % ≙ 118,8°	(An Händler zurück)
25 % ≙ 90°	(Behalten)
13 % ≙ 46,8°	(Weiterverschenken)
6 % ≙ 21,6°	(Online verkaufen)
22 % ≙ 79,2°	(Nichts davon/ keine Angabe)

b) $P = \frac{G \cdot p}{100}$

$P = \frac{1\,000 \cdot 13}{100}$

$P = 130$

130 Personen möchten die Geschenke weiterverschenken.

c) Die Aussage stimmt: 33 % + 13 % = 46 % ≈ 50 %

24 a)

	wahr	falsch
Eintrittskarten, Sammler-Objekte und Haushaltsgeräte wurden gleich oft ersteigert.	☒	☐
Fast jeder 4. Nutzer ersteigerte Bücher.	☒	☐
Fast ein Drittel aller Internet-Nutzer ersteigerten Hobby- und Freizeitartikel.	☒	☐
Jugendliche unter 14 Jahren haben nichts ersteigert.	☐	☒
17 Personen haben Telefone, Handys oder Zubehör ersteigert.	☐	☒

b) $P = \frac{G \cdot p}{100}$

$P = \frac{27\text{ Mio.} \cdot 21}{100}$

$P = 5{,}67\text{ Mio.}$

5,67 Mio. ersteigerten Kleidung, Schmuck oder Accessoires.

c) $p = \frac{P \cdot 100}{G}$

$p = \frac{27 \text{ Mio.} \cdot 100}{82 \text{ Mio.}}$

$p\,\% \approx 32{,}9\,\%$

Etwa 32,9 % der Deutschen ersteigerten etwas im Internet.

d) Ein Kreisdiagramm kann nur erstellt werden, wenn sich alle Werte zu genau 100 % addieren lassen. Bei dieser Umfrage waren offensichtlich Mehrfachnennungen möglich, daher kann hier kein Kreisdiagramm erstellt werden.

e) Die Überschrift ist nicht sinnvoll, da das Diagramm nichts darüber aussagt, wie viele Web-Nutzer etwas ersteigert haben. Eine passende Überschrift wäre z. B. „Bei Versteigerungen im Netz liegen Hobby- und Freizeitartikel vorne“.

25 a) 1 ‰ von 12 000 € sind 12 €.

9 ‰ sind dann 9 · 12 € = 108 €.

b) $P = \frac{G \cdot p}{\mathbf{1\,000}}$

$P = \frac{4\,500\,€ \cdot 1{,}8}{1\,000}$

$P = 8{,}10\,€$

c) **1 000** ‰ ≙ 11 km

1 ‰ ≙ 0,011 km

0,7 ‰ ≙ 0,0077 km = 7,7 m

d) 1 ‰ von 5 ℓ sind 0,005 ℓ = 5 mℓ.

0,5 ‰ sind dann 0,5 · 5 mℓ = 2,5 mℓ.

26 $p = \frac{P \cdot \mathbf{1\,000}}{G}$

$p = \frac{12{,}5 \text{ mm} \cdot 1\,000}{1\,000 \text{ mm}}$ 1 m = 1 000 mm

$p\,‰ = 12{,}5\,‰$

Eine Haupteisenbahnstrecke darf pro Meter nicht mehr als 12,5 ‰ steigen.

27 $P = \frac{G \cdot p}{\mathbf{1\,000}}$

$P = \frac{7\,\ell \cdot 0{,}3}{1\,000}$

$P = 0{,}0021\,\ell = 2{,}1\,m\ell$

Bei einem Blutalkoholgehalt von 0,3 ‰ sind 2,1 $m\ell$ reiner Alkohol im Blut.

28

	Kapital	Zinsen	Zinssatz
a)	1 200 €	**90 €**	7,5 %
b)	4 380 €	**122,64 €**	2,8 %
c)	**11 166,67 €**	837,50 €	7,5 %
d)	**1 052 631,58 €**	100 000 €	9,5 %
e)	945 €	13,02 €	**1,4 %**
f)	96 000 €	1 760 €	**1,8 %**

a) $Z = \frac{K \cdot p}{100}$

$Z = \frac{1\,200\,€ \cdot 7{,}5}{100}$

$Z = 90\,€$

b) $Z = \frac{K \cdot p}{100}$

$Z = \frac{4\,380\,€ \cdot 2{,}8}{100}$

$Z = 122{,}64\,€$

c) $7{,}5\,\% \mathrel{\hat{=}} 837{,}50\,€$

$1\,\% \mathrel{\hat{=}} 111{,}666\ldots\,€$

$100\,\% \mathrel{\hat{=}} 11\,166{,}666\ldots\,€ \approx 11\,166{,}67\,€$

d) $9{,}5\,\% \mathrel{\hat{=}} 100\,000\,€$

$1\,\% \mathrel{\hat{=}} 10\,526{,}315\ldots\,€$

$100\,\% \mathrel{\hat{=}} 1\,052\,631{,}579\ldots\,€ \approx 1\,052\,631{,}58\,€$

e) $p = \frac{Z \cdot 100}{K}$

$p = \frac{13{,}02\ € \cdot 100}{945\ €}$

$p\ \% \approx 1{,}4\ \%$

f) $p = \frac{Z \cdot 100}{K}$

$p = \frac{1\,760\ € \cdot 100}{96\,000\ €}$

$p\ \% \approx 1{,}8\ \%$

29 a) Gesucht sind die Zinsen.
1 % von 2 000 € sind 20 €.
5 % sind dann 5 · 20 € = 100 €.

b) Gesucht ist der Zinssatz.
1 % von 1 € = 100 ct ist 1 ct.
2 ct sind dann 2 %.

c) Gesucht ist der Zinssatz.
20 000 € von 2 000 000 € ist 1 %.

d) Gesucht ist das Kapital.
40 € · 10 = 400 €

e) Gesucht ist der Zinssatz.
120 € von 4 000 € sind 3 %.

30 $Z = \frac{K \cdot p}{100}$

$Z = \frac{2\,500\ € \cdot 13}{100}$

$Z = 325\ €$

Er hätte **2 500 € + 325 €** = 2 825 € Schulden.

31 **Kredit 1:**
Z = 1 350 €

Kredit 2:

$17\,250\ € - 15\,000\ € = 2\,250\ €$

Berechne, wie hoch die Zinsen für einen Kredit von 10 000 € sind.

$$p = \frac{Z \cdot 100}{K}$$

$$p = \frac{2\,250\ € \cdot 100}{15000\ €}$$

$$p\,\% = 15\ \%$$

15 % von 10 000 € sind 1 500 €.

Kredit 3:

5,75 % von 10 000 € sind 575 €.

$575\ € + 75\ € = 650\ €$

Der 3. Kredit ist am günstigsten, die Familie sollte dieses Angebot wählen, da hier am wenigsten zurückbezahlt werden muss.

32 **Landsparkasse**

$$p = \frac{Z \cdot 100}{K}$$

$$p = \frac{275\ € \cdot 100}{5000\ €}$$

$$p\,\% = 5{,}5\ \%$$

Kapitalbank

$$p = \frac{Z \cdot 100}{K}$$

$$p = \frac{200\ € \cdot 100}{3000\ €}$$

$$p\,\% \approx 6{,}7\ \%$$

Kingbank

$$p\,\% = 5\ \%$$

Bei der Kapitalbank ist das Sparen am vorteilhaftesten, dort gibt es den höchsten Zinssatz.

33

$$p = \frac{Z \cdot 100}{K}$$

$$p = \frac{60\ € \cdot 100}{4\,800\ €}$$

$$p\,\% = 1{,}25\ \%$$

a) Er würde doppelt so viele Zinsen erhalten, also 120 €.

$$Z = \frac{K \cdot p}{100}$$

$$Z = \frac{\mathbf{9\,600\ €} \cdot 1{,}25}{100}$$

$$Z = 120\ €$$

b) Er würde doppelt so viele Zinsen erhalten, also 120 €.

$$Z = \frac{K \cdot p}{100}$$

$$Z = \frac{4\,800\,€ \cdot \mathbf{2{,}5}}{100}$$

$$Z = 120\,€$$

c) Er würde 6-mal so viele Zinsen erhalten, also 360 €.

$$Z = \frac{K \cdot p}{100}$$

$$Z = \frac{\mathbf{14\,400\,€ \cdot 2{,}5}}{100}$$

$$Z = 360\,€$$

d) Er würde gleich viele Zinsen erhalten.

$$Z = \frac{K \cdot p}{100}$$

$$Z = \frac{\mathbf{2\,400\,€ \cdot 2{,}5}}{100}$$

$$Z = 60\,€$$

34 a) **A** –31
B –18
C –10
D 25
E 50

Der Abstand zwischen 2 Strichen beträgt 1.

b) **A** –0,6
B –0,5
C –0,1
D 0,9
E 1,2

Der Abstand zwischen 2 Strichen beträgt 0,2.

c) **A** –30
B –28
C –25
D –21
E –20

Der Abstand zwischen 2 Strichen beträgt 2.

d) A –3 090
B –3 075
C –3 050
D –3 005
E –2 990

Der Abstand zwischen 2 Strichen beträgt 10.

35

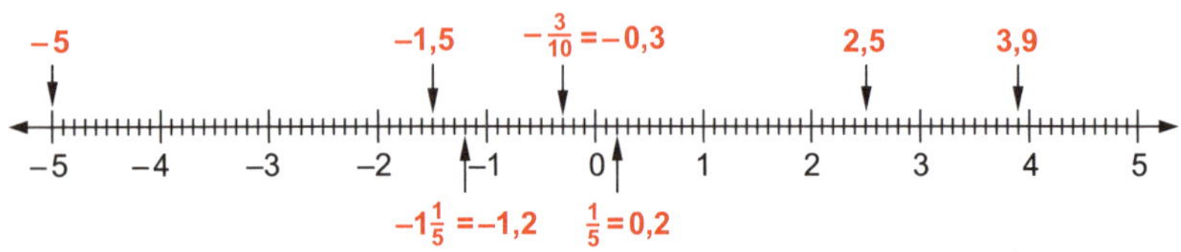

36 a) Lösungswort: **P I N G U I N**

b) Lösungswort: **E I S B A E R**

37

a)	3	0	–3	**–6**	**–9**	**–12**	**–15**	Die Zahlen werden um 3 kleiner.
b)	50	30	10	**–10**	**–30**	**–50**	**–70**	Die Zahlen werden um 20 kleiner.
c)	–20	–14	–8	**–2**	**4**	**10**	**16**	Die Zahlen werden um 6 größer.
d)	1	$\frac{3}{4}$	$\frac{1}{2}$	$\mathbf{\frac{1}{4}}$	**0**	$\mathbf{-\frac{1}{4}}$	$\mathbf{-\frac{1}{2}}$	Die Zahlen werden um $\frac{1}{4}$ kleiner.

38 a) 1,5

b) 0

c) –1,5

d) –3

Fortsetzung der Folge:
–4,5 –6 –7,5

Die Zahlen werden um 1,5 kleiner.

39 –2,4 liegt näher bei –1,5.

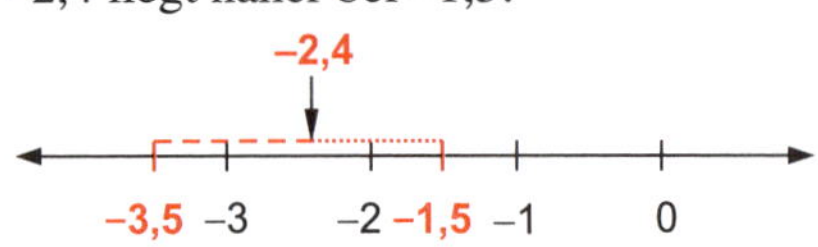

40 a) $12+(-6)=12-6=6$
$12+(-4)=12-4=8$
$12+(-2)=12-2=10$
$12+0=12$
$12+(+2)=12+2=14$
$12+(+4)=12+4=16$

Fortsetzung der Aufgaben:
$12+6=$ **18**
$12+8=$ **20**
$12+10=$ **22**

b) $15-(+5)=15-5=10$
$15-(+3)=15-3=12$
$15-(+1)=15-1=14$
$15-(-1)=15+1=16$
$15-(-3)=15+3=18$
$15-(-5)=15+5=20$

Fortsetzung der Aufgaben:
$15+7=$ **22**
$15+9=$ **24**
$15+11=$ **26**

41 a)

b)

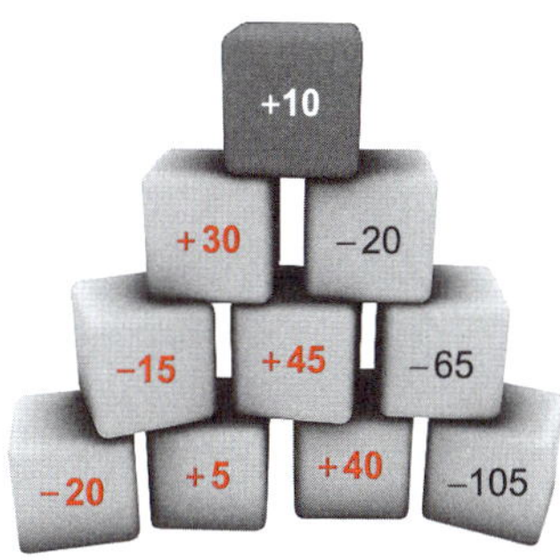

42 a) $-16+(-12)=$
$-16-12=-28$

b) $-20+(-12)-(+30)=$
$-20-12-30=-62$

c) $-1{,}8-(+1{,}2)=$
$-1{,}8-1{,}2=-3$

d) $0{,}75-62{,}259=-61{,}509$

Summe aller Ergebnisse:
$-28+(-62)+(-3)+(-61{,}509)=$
$-28-62-3-61{,}509=-154{,}509$

43 Lösungswort: **A R K T I S**

44 a)

−5	**2**	**−3**
0	−2	−4
−1	**−6**	1

Summe: −6

b)

−20	14	**−30**
−22	**−12**	**−2**
6	−38	−4

Summe: −36

45 15 € − 6,50 € − 4,20 € − 11,90 € + 10 € = 2,40 €
Er hat am Ende der Woche noch 2,40 €.

46 2 011 − 2 764 = −753
Rom wurde 753 Jahre **vor** Christus gegründet.

47 $0+15-20+12=7$

Man landet im 7. Stock.

48 a) $8\,°C+4\,°C=12\,°C$

b) $-4\,°C+8\,°C=4\,°C$

c) $8\,°C-4\,°C=4\,°C$

d) $-8\,°C-4\,°C=-12\,°C$

49 **Rotterdam:**

$6{,}5\text{ m}+10\text{ m}=16{,}5\text{ m}$

Alkmaar:

$3{,}5\text{ m}+10\text{ m}=13{,}5\text{ m}$

In Rotterdam müsste das Haus 16,5 m hoch sein, in Alkmaar 13,5 m.

50 a) $-6:2=-3$

b) $25:(-12{,}5)=-2$

c) $-4:(-1)=4$

d) $+0{,}7\cdot(-3)=-2{,}1$

e) $8\cdot(-1{,}2)=-9{,}6$

f) $-1{,}44:(-0{,}12)=+12$

51 a)

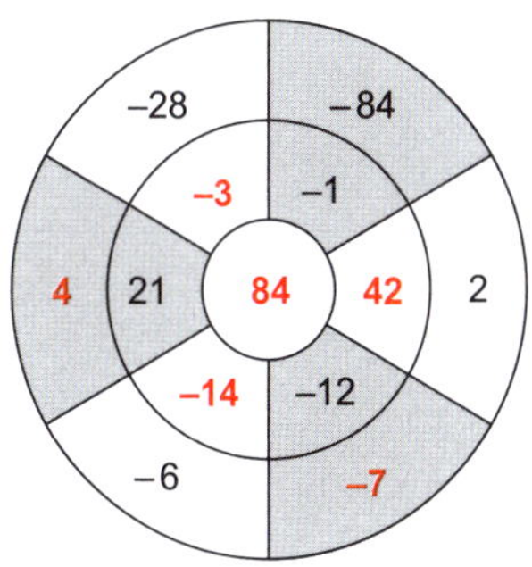

b)

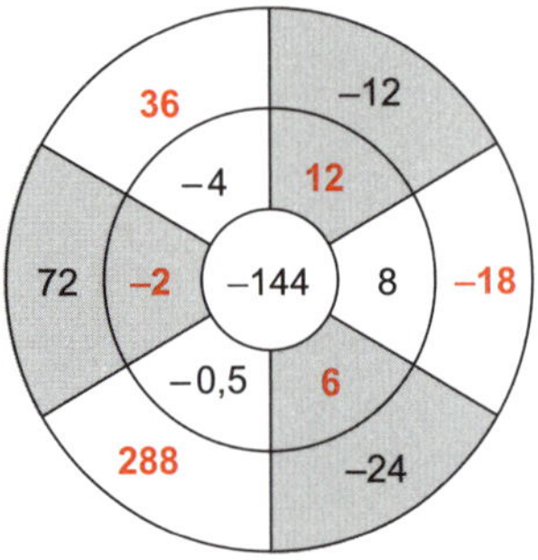

52 a) $(+6)+(+6)+(+6)=$
$3\cdot(+6)=18$

b) $(-7)+(-7)+(-7)=$
$3\cdot(-7)=-21$

c) $(+1{,}2)+(+1{,}2)+(+1{,}2)+(+1{,}2)=$
$4\cdot(+1{,}2)=4{,}8$

d) $(-0{,}2)+(-0{,}2)+(-0{,}2)+(-0{,}2)=$
$4\cdot(-0{,}2)=-0{,}8$

53 a) $-3-(-2)-5=$
$-3+2-5=-6$

Subtrahiere: „–“ Differenz: „–“

b) $(-5+(-13)):(-3)=$
$-18:(-3)=6$

Hier musst du **Klammern** setzen.

c) $(-42)\cdot 0{,}5:(-7)=$
$-21:(-7)=3$

Dividiere: „:“ Produkt: „·“

d) $-1{,}3+(-2{,}7)+3\cdot(-4)=$
$-4-12=-16$

Addiere: „+“ Summe: „+“ 3-Fache: „3·“

54 a)

$\cdot$	$\frac{1}{2}$	-2	3
-2	-1	4	-6
-5	$-\frac{5}{2}$	10	-15
-8	-4	16	-24

b)

:	–2	–1	–4
$\frac{1}{8}$	$-\frac{1}{16}$	$-\frac{1}{8}$	$-\frac{1}{32}$
–4	2	4	1
$-\frac{2}{5}$	$\frac{1}{5}$	$\frac{2}{5}$	$\frac{1}{10}$

55 a) $-2 \cdot (-8) = 16$

b) $5 \cdot (-2) = -10$

c) $8 \cdot (-4) = -32$

d) $-2{,}2 : (-2) = 1{,}1$

e) $-0{,}64 : 0{,}8 = -0{,}8$

f) $-2{,}25 : (-1{,}5) = 1{,}5$

g) $\frac{3}{4} \cdot \left(-\frac{2}{5}\right) = -\frac{6}{20} = -\frac{3}{10}$

h) $-\frac{2}{3} \cdot (-3) = 2$

56 a) $2 \cdot (-4) + 8 \cdot (-4) + 8 =$
$-8 - 32 + 8 = -32$

b) $-\frac{1}{5} + \frac{2}{5} \cdot (-10) =$
$-\frac{1}{5} - \frac{20}{5} = -\frac{21}{5} = -4\frac{1}{5}$

c) $4 - (-1{,}2) - 2{,}6 + (-7) \cdot 5 =$
$4 + 1{,}2 - 2{,}6 - 35 = -32{,}4$

d) $-\frac{1}{4} + 2\frac{1}{2} = 2\frac{1}{4}$

57 $-80\,€ + 12 \cdot 5\,€ = -20\,€$

Vermutlich wird er nicht zufrieden sein, da Florian dann immer noch 20 € Schulden hat.

58 a) Januar: $(-2\,°C + (-7\,°C)) : 2 = -4{,}5\,°C$
Februar: $(0\,°C + (-7\,°C)) : 2 = -3{,}5\,°C$
März: $(4\,°C + (-4\,°C)) : 2 = 0\,°C$
April: $(9\,°C + 0\,°C) : 2 = 4{,}5\,°C$
Mai: $(16\,°C + 6\,°C) : 2 = 11\,°C$
Juni: $(20\,°C + 10\,°C) : 2 = 15\,°C$
Juli: $(22\,°C + 13\,°C) : 2 = 17{,}5\,°C$
August: $(21\,°C + 12\,°C) : 2 = 16{,}5\,°C$
September: $(15\,°C + 8\,°C) : 2 = 11{,}5\,°C$
Oktober: $(9\,°C + 3\,°C) : 2 = 6\,°C$
November: $(3\,°C + (-1\,°C)) : 2 = 1\,°C$
Dezember: $(0\,°C + (-4\,°C)) : 2 = -2\,°C$

Jahresdurchschnitt:
$(-4{,}5\,°C + (-3{,}5\,°C) + 0\,°C + 4{,}5\,°C + 11\,°C + 15\,°C + 17{,}5\,°C + 16{,}5\,°C + 11{,}5\,°C$
$+ 6\,°C + 1\,°C + (-2\,°C)) : 12 = 73\,°C : 12 \approx 6\,°C$

Der Ort könnte in Nordeuropa, z. B. in Norwegen, liegen.

b) Im November und Dezember ist der Temperaturunterschied am geringsten.

59 a) $3\,°C \cdot 12 = 36\,°C$

$-3\,°C + (-4\,°C) + (-3\,°C) + 0\,°C + 4\,°C + 9\,°C + 12\,°C + 7\,°C + 3\,°C + 0\,°C + (-2\,°C)$
$= 23\,°C$

Durchschnittliche Temperatur im August:
$36\,°C - 23\,°C = 13\,°C$

b) 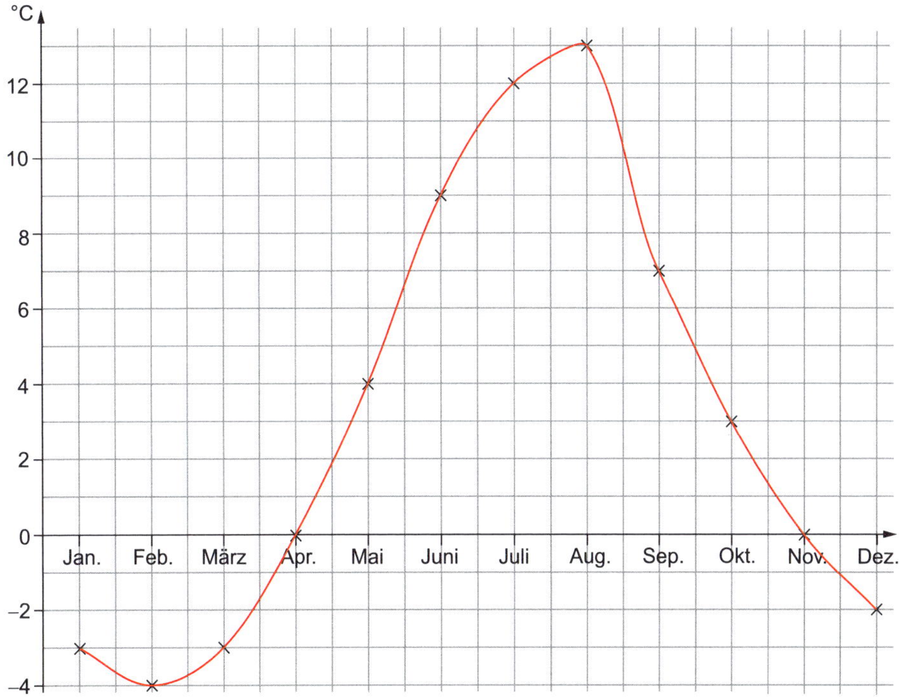

60 a) **Geodreieck:**

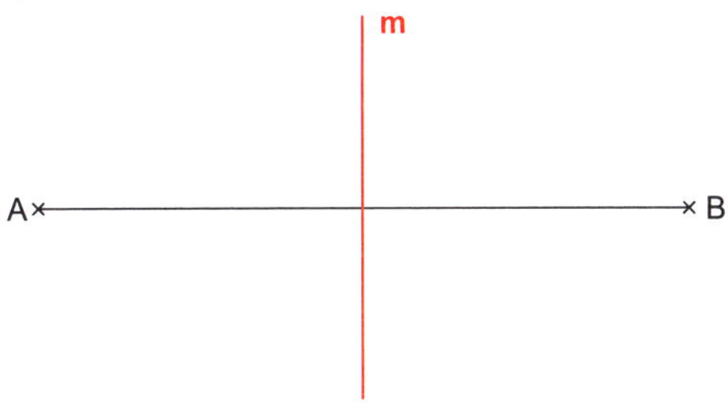

Zirkel:

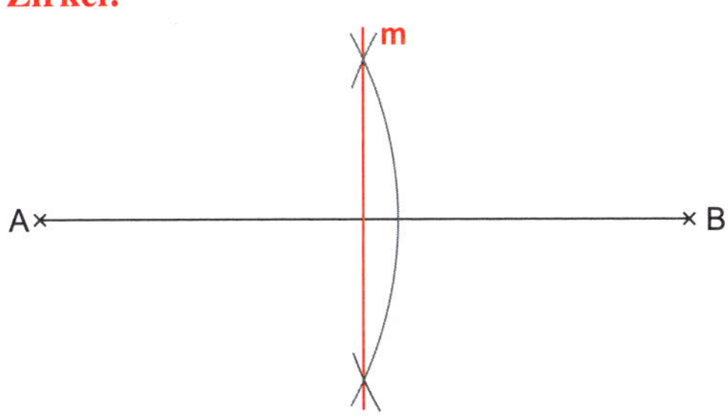

b) **Geodreieck:**

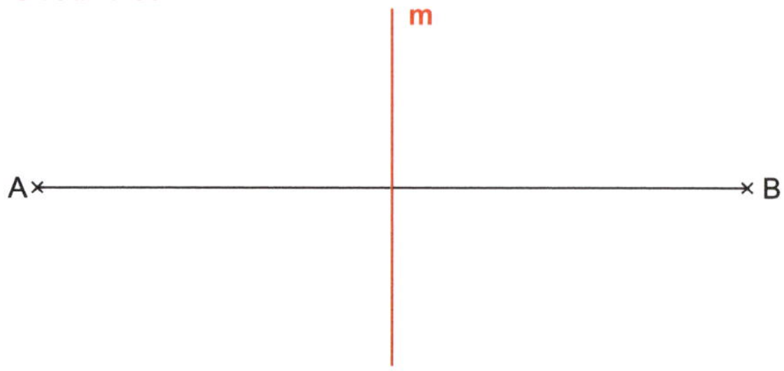

Zirkel:

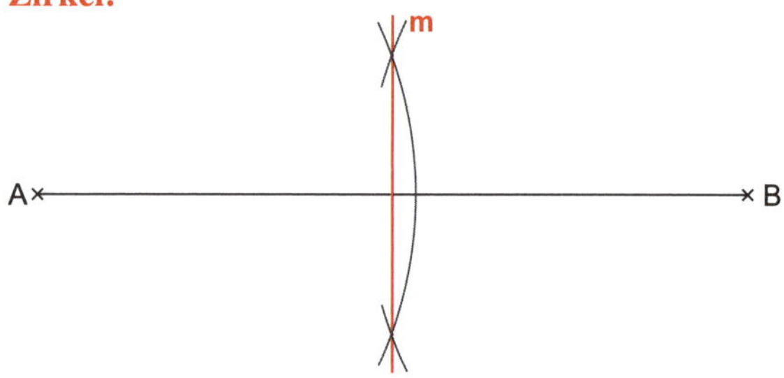

c) **Geodreieck:**

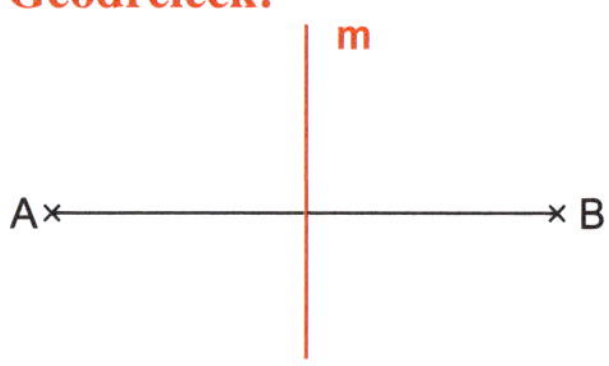

Zirkel:

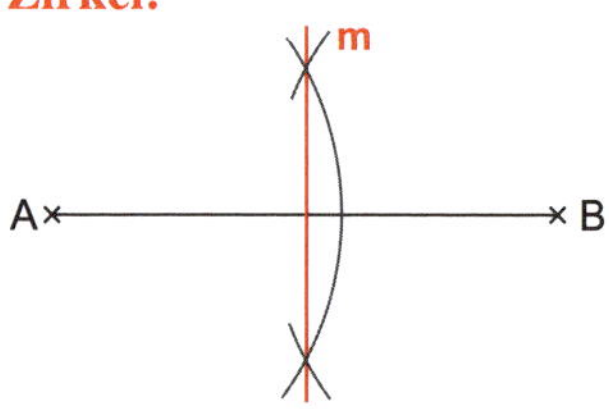

d) **Geodreieck:**

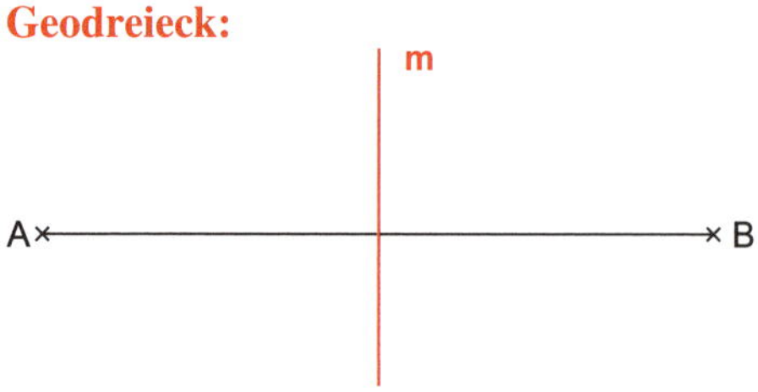

Zirkel:

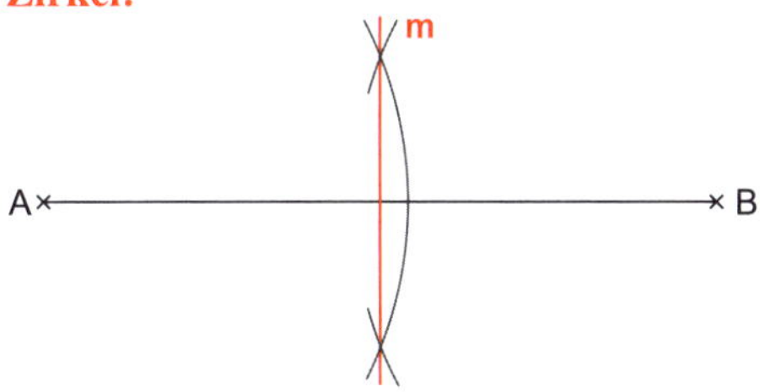

61 a)

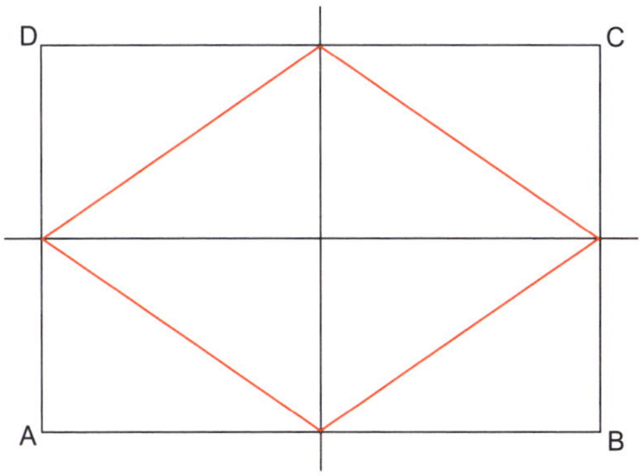

Es entsteht eine Raute.

b)

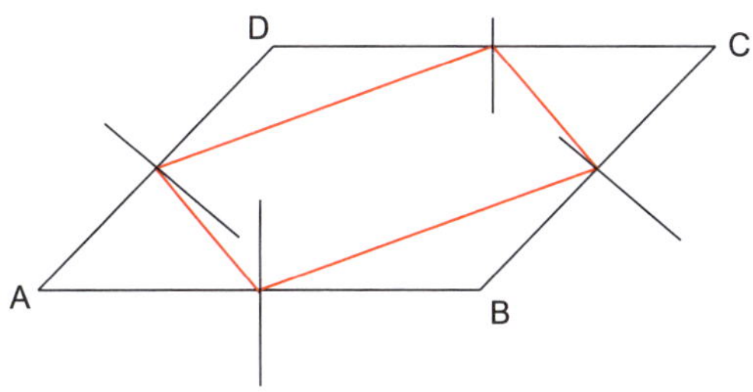

Es entsteht ein Parallelogramm.

62 a)

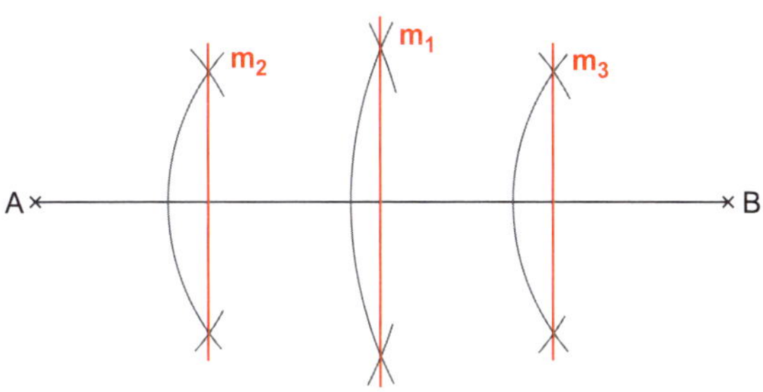

Halbiere zuerst die gesamte Strecke, dann die 2 entstandenen Teilstrecken.

b)

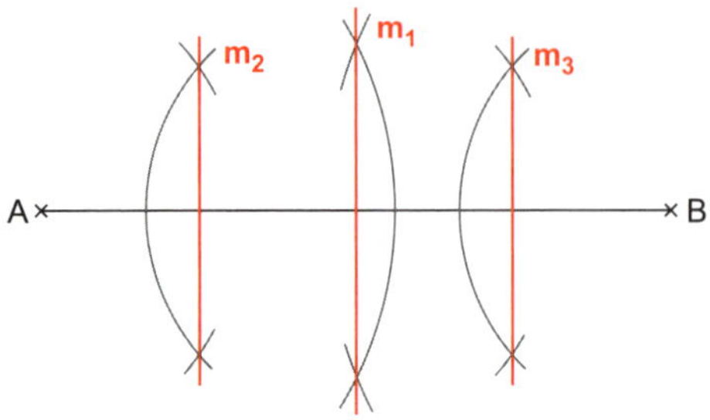

63

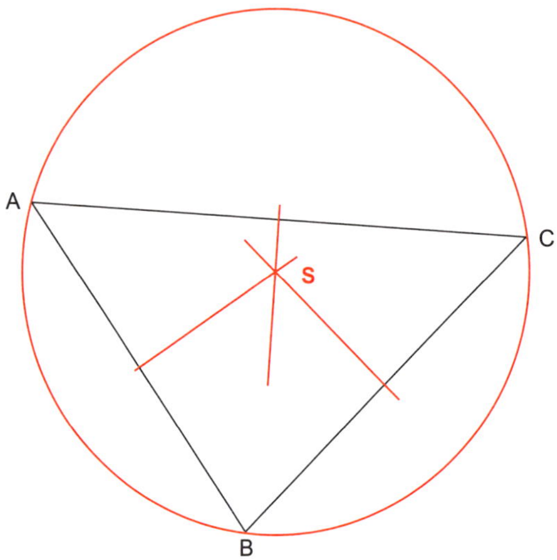

a) Der Schnittpunkt der Mittelsenkrechten ist der Punkt, der von A und B, von B und C und auch von A und C gleich weit entfernt liegt. S liegt also von den 3 Eckpunkten des Dreiecks gleich weit entfernt.

b) Alle Eckpunkte liegen auf dem Kreis.

64

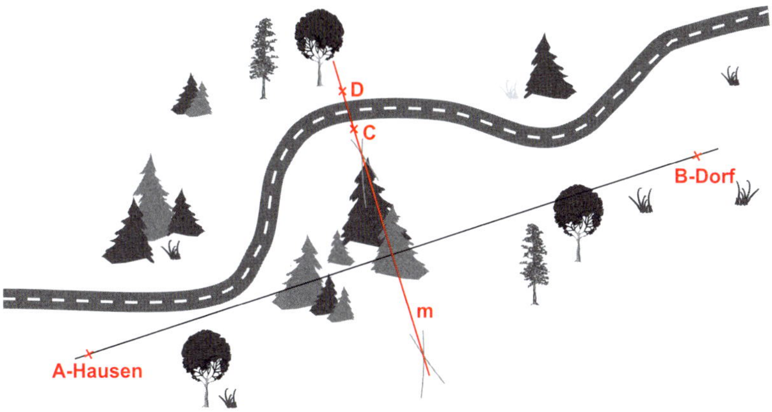

a) Die Sporthalle könnte überall auf m liegen.

b) Die Sporthalle müsste bei Punkt C oder D liegen.

65

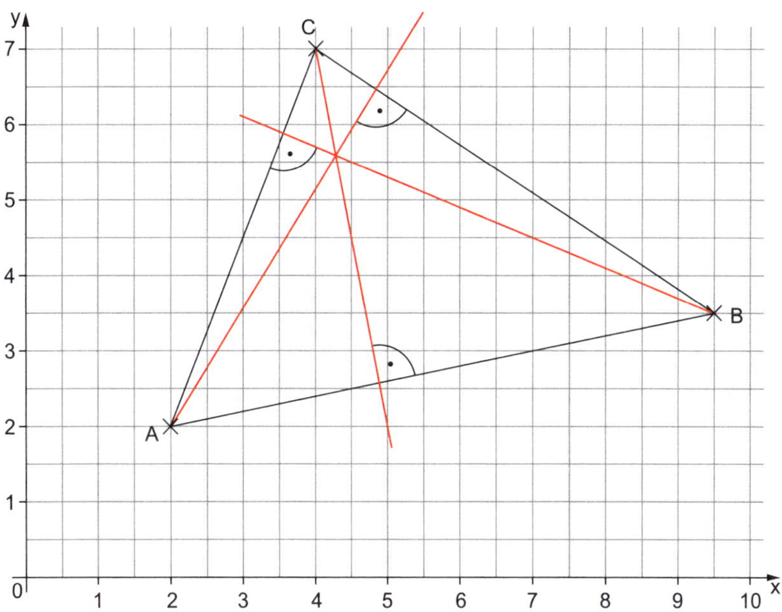

66 Vergleiche mit der Aufgabe.

67

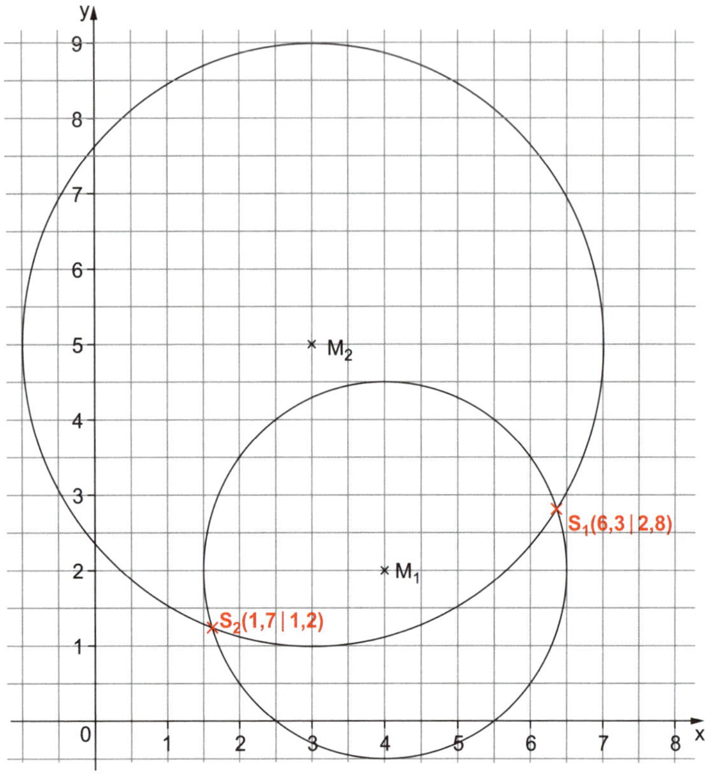

Im Folgenden wird immer mit **$\pi = 3{,}14$** gerechnet. Wenn du mit dem exakten Wert aus dem Taschenrechner rechnest, kann die Lösung leicht abweichen. Rechne so, wie du es in der Schule gelernt hast.

68

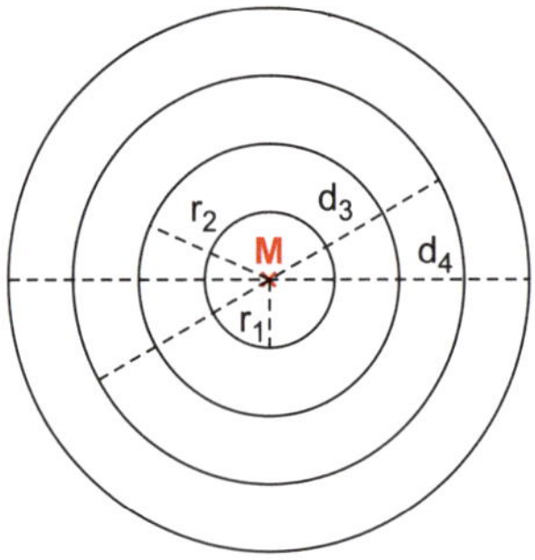

$u_1 = 2 \cdot \pi \cdot r_1$
$u_1 = 2 \cdot 3{,}14 \cdot 0{,}5$ cm
$u_1 = 3{,}14$ cm

$u_2 = 2 \cdot \pi \cdot r_2$
$u_2 = 2 \cdot 3{,}14 \cdot 10$ mm
$u_2 = 62{,}8$ mm $= 6{,}28$ cm

$u_3 = \pi \cdot d_3$
$u_3 = 3{,}14 \cdot 3$ cm
$u_3 = 9{,}42$ cm

$u_4 = \pi \cdot d_4$
$u_4 = 3{,}14 \cdot 40$ mm
$u_4 = 125{,}6$ mm $= 12{,}56$ cm

Verdoppelt (verdreifacht, vervierfacht, …) sich der Radius, dann verdoppelt (verdreifacht, vervierfacht, …) sich auch der Umfang.

69

	Radius r	Durchmesser d	Umfang u
a)	3,5 mm	**7 mm**	**21,98 mm**
b)	**0,375 m**	0,75 m	**2,36 m**
c)	**110 cm**	220 cm	**690,8 cm**
d)	**5 cm**	**10 cm**	31,4 cm
e)	**15,93 m**	**31,85 m**	100 m

a) $d = 2 \cdot r$
$d = 2 \cdot 3{,}5$ mm
$d = 7$ mm

$u = 2 \cdot \pi \cdot r$
$u = 2 \cdot 3{,}14 \cdot 3{,}5$ mm
$u = 21{,}98$ mm

b) $r = d : 2$
$r = 0{,}75$ m $: 2$
$r = 0{,}375$ m

$u = 2 \cdot \pi \cdot r$
$u = 2 \cdot 3{,}14 \cdot 0{,}375$ m
$u = 2{,}355$ m $\approx 2{,}36$ m

c) $r = d : 2$
$r = 220$ cm $: 2$
$r = 110$ cm

$u = 2 \cdot \pi \cdot r$
$u = 2 \cdot 3{,}14 \cdot 110$ cm
$u = 690{,}8$ cm

d) $u = \pi \cdot d$
$31{,}4 \text{ cm} = 3{,}14 \cdot d \quad |:3{,}14$
$d = 10$ cm

$r = d : 2$
$r = 10$ cm $: 2$
$r = 5$ cm

e) $u = \pi \cdot d$
$100 \text{ m} = 3{,}14 \cdot d \quad |:3{,}14$
$d \approx 31{,}85$ m

$r = d : 2$
$r = 31{,}85$ m $: 2$
$r \approx 15{,}93$ m

70 a) $r = 2$ cm
$u = 2 \cdot \pi \cdot r$
$u = 2 \cdot 3{,}14 \cdot 2$ cm
$u = 12{,}56$ cm

b) $r = 1{,}75$ cm
$u = 2 \cdot \pi \cdot r$
$u = 2 \cdot 3{,}14 \cdot 1{,}75$ cm
$u = 10{,}99$ cm

71 $d = 13''$
$d = 13 \cdot 25{,}4$ mm $= 330{,}2$ mm ≈ 33 cm   Rechne die Zoll in cm um.

$u = \pi \cdot d$
$u = 3{,}14 \cdot 33$ cm
$u = 103{,}62$ cm ≈ 1 m

30 000 km = 30 000 000 m

Bei einer Umdrehung legt der Reifen 1 m zurück, also hat sich ein Reifen nach 30 000 000 m etwa 30 000 000-mal gedreht.

72 1 km = 1 000 m

Rennrad:
$d = 28''$
$d = 28 \cdot 25{,}4$ mm $= 711{,}2$ mm $\approx 0{,}71$ m

$u = \pi \cdot d$
$u = 3{,}14 \cdot 0{,}71$ m
$u = 2{,}2294$ m $\approx 2{,}2$ m

1 000 m : 2,2 m ≈ 455

Der Reifen des Rennrads dreht sich etwa 455-mal.

Mountainbike:
$d = 26''$
$d = 26 \cdot 25{,}4$ mm $= 660{,}4$ mm $\approx 0{,}66$ m

$u = \pi \cdot d$
$u = 3{,}14 \cdot 0{,}66$ m
$u = 2{,}0724$ m $\approx 2{,}1$ m

1 000 m : 2,1 m ≈ 476

Der Reifen des Mountainbikes dreht sich etwa 476-mal.

BMX:
$d = 20''$
$d = 20 \cdot 25{,}4$ mm $= 508$ mm $\approx 0{,}5$ m

$u = \pi \cdot d$
$u = 3{,}14 \cdot 0{,}5$ m
$u = 1{,}57$ m $\approx 1{,}6$ m

1 000 m :1,6 m = 625

Der Reifen des BMX dreht sich etwa 625-mal.

73 **Minimaler Durchmesser:**

$$u = \pi \cdot d$$

$$68\text{ cm} = 3{,}14 \cdot d \quad \vert :3{,}14$$

$$d \approx 21{,}7\text{ cm}$$

Maximaler Durchmesser:

$$u = \pi \cdot d$$

$$71\text{ cm} = 3{,}14 \cdot d \quad \vert :3{,}14$$

$$d \approx 22{,}6\text{ cm}$$

74 a) $u = \frac{3}{4} \cdot u_k + 2r$

Der Umfang der Figur setzt sich aus dem Umfang eines $\frac{3}{4}$-Kreises und 2-mal dem Radius zusammen.

$$u = \frac{3}{4} \cdot 2 \cdot \pi \cdot r + 2r$$

$$u = \frac{3}{4} \cdot 2 \cdot 3{,}14 \cdot 2\text{ cm} + 2 \cdot 2\text{ cm}$$

$$u = 9{,}42\text{ cm} + 4\text{ cm}$$

$$u = 13{,}42\text{ cm}$$

b) $u = \frac{1}{2} \cdot u_k + 4r$

Der Umfang der Figur setzt sich aus dem Umfang von 2 $\frac{1}{4}$-Kreisen (also einem Halbkreis) und 4-mal dem Radius zusammen.

$$u = \frac{1}{2} \cdot 2 \cdot \pi \cdot r + 4r$$

$$u = \frac{1}{2} \cdot 2 \cdot 3{,}14 \cdot 2{,}5\text{ cm} + 4 \cdot 2{,}5\text{ cm}$$

$$u = 7{,}85\text{ cm} + 10\text{ cm}$$

$$u = 17{,}85\text{ cm}$$

c) $u = \frac{1}{2} \cdot u_{k_1} + \frac{1}{2} \cdot u_{k_2} + \frac{1}{2} \cdot u_{k_3} + \frac{1}{2} \cdot u_{k_4} + d_1 + d_2 + d_3 + d_4$

$$u = \frac{1}{2} \cdot \pi \cdot d_1 + \frac{1}{2} \cdot \pi \cdot d_2 + \frac{1}{2} \cdot \pi \cdot d_3 + \frac{1}{2} \cdot \pi \cdot d_4 + d_1 + d_2 + d_3 + d_4$$

$$u = \frac{1}{2} \cdot \pi \cdot (d_1 + d_2 + d_3 + d_4) + d_1 + d_2 + d_3 + d_4$$

$$u = \frac{1}{2} \cdot 3{,}14 \cdot (1\text{ cm} + 2\text{ cm} + 3\text{ cm} + 5\text{ cm}) + 1\text{ cm} + 2\text{ cm} + 3\text{ cm} + 5\text{ cm}$$

$$u = 28{,}27\text{ cm}$$

75 a) Die Schrittlänge eines Menschen beträgt etwa 70 cm, also $190 \cdot 0{,}7\ m = 133\ m$. Vera hat etwa 133 m zurückgelegt.

b) π gibt das Verhältnis von Umfang und Durchmesser an.

$$u = \pi \cdot d$$
$$133\ m = \pi \cdot 42{,}34\ m \quad |: 42{,}34\ m$$
$$\pi \approx 3{,}14$$

76 $A = \pi \cdot r^2$

$r_1 = 1\ cm$
$A_1 = 3{,}14 \cdot (1\ cm)^2$
$A_1 = 3{,}14\ cm^2$

$r_2 = 2\ cm$
$A_2 = 3{,}14 \cdot (2\ cm)^2$
$A_2 = 12{,}56\ cm^2$

$r_3 = 4\ cm$
$A_3 = 3{,}14 \cdot (4\ cm)^2$
$A_3 = 50{,}24\ cm^2$

Verdoppelt sich der Radius, dann vervierfacht sich die Kreisfläche, vervierfacht sich der Radius, dann versechzehnfacht sich die Kreisfläche.

77

	Radius r	Durchmesser d	Fläche A
a)	80 mm	**160 mm**	**20 096 mm²**
b)	**12,5 cm**	25 cm	**490,625 cm²**
c)	**0,05 m**	0,1 m	**0,00785 m²**
d)	32 dm	**64 dm**	**3 215,36 dm²**

a) $d = 2 \cdot r$
$d = 2 \cdot 80\ mm$
$d = 160\ mm$

$A = \pi \cdot r^2$
$A = 3{,}14 \cdot (80\ mm)^2$
$A = 20\,096\ mm^2$

b) $r = d : 2$
$r = 25\ cm : 2$
$r = 12{,}5\ m$

$A = \pi \cdot r^2$
$A = 3{,}14 \cdot (12{,}5\ cm)^2$
$A = 490{,}625\ cm^2$

c) $r = d : 2$
$r = 0{,}1\ m : 2$
$r = 0{,}05\ m$

$A = \pi \cdot r^2$
$A = 3{,}14 \cdot (0{,}05\ m)^2$
$A = 0{,}00785\ m^2$

d) $d = 2 \cdot r$
$d = 2 \cdot 32\ dm$
$d = 64\ dm$

$A = \pi \cdot r^2$
$A = 3{,}14 \cdot (32\ dm)^2$
$A = 3\,215{,}36\ dm^2$

78 $A = \pi \cdot r^2$
$A = 3{,}14 \cdot (1{,}8\ m)^2$
$A \approx 10{,}2\ m^2$

79 a) $A = \frac{1}{4} \cdot A_k$

$A = \frac{1}{4} \cdot \pi \cdot r^2$

$A = \frac{1}{4} \cdot 3{,}14 \cdot (5\ cm)^2$

$A \approx 19{,}625\ cm^2 = 0{,}19625\ dm^2$

Es handelt sich um einen Viertelkreis.

b) $A = \frac{7}{8} \cdot A_k$

$A = \frac{7}{8} \cdot \pi \cdot r^2$

$A = \frac{7}{8} \cdot 3{,}14 \cdot (10\ cm)^2$

$A = 274{,}75\ cm^2 = 2{,}7475\ dm^2$

Es handelt sich um einen $\frac{7}{8}$-Kreis:

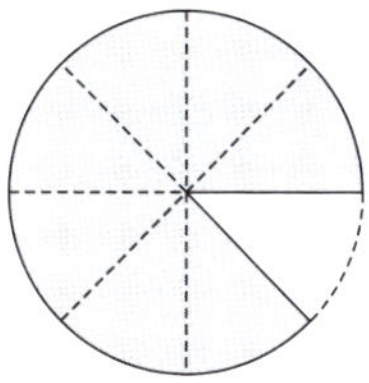

80 a) $A_{Quadrat} = a \cdot a$
$A_{Quadrat} = 4\ cm \cdot 4\ cm$
$A_{Quadrat} = 16\ cm^2$

$A_{Kreis} = \pi \cdot r^2$
$A_{Kreis} = 3{,}14 \cdot (1\ cm)^2$
$A_{Kreis} = 3{,}14\ cm^2$

$A = A_{Quadrat} - A_{Kreis}$
$A = 16\ cm^2 - 3{,}14\ cm^2$
$A = 12{,}86\ cm^2 = 1\,286\ mm^2$

Du musst von der Fläche des Quadrats die Fläche des Kreises subtrahieren.

b) $A = \pi \cdot r^2$

$A_{\text{großer Kreis}} = 3{,}14 \cdot (2\ cm)^2$

$A_{\text{großer Kreis}} = 12{,}56\ cm^2$

$A_{\text{mittlerer Kreis}} = 3{,}14 \cdot (1{,}6\ cm)^2$

$A_{\text{mittlerer Kreis}} \approx 8\ cm^2$

$A_{\text{kleiner Kreis}} = 3{,}14 \cdot (0{,}8\ cm)^2$

$A_{\text{kleiner Kreis}} \approx 2\ cm^2$

$A = A_{\text{großer Kreis}} - A_{\text{mittlerer Kreis}} + A_{\text{kleiner Kreis}}$

$A = 12{,}56\ cm^2 - 8\ cm^2 + 2\ cm^2$

$A = 6{,}56\ cm^2 = 656\ mm^2$

Du musst von der Fläche des größten Kreises die Fläche des mittleren Kreises subtrahieren. Dann musst du die Fläche des kleinen Kreises addieren.

81 Der Durchmesser des Kreises kann maximal 210 mm sein, also $r = 105$ mm.

$A_{Kreis} = \pi \cdot r^2$

$A_{Kreis} = 3{,}14 \cdot (105\ mm)^2$

$A_{Kreis} = 34\,618{,}5\ mm^2$

$A_{Papier} = a \cdot b$

$A_{Papier} = 210\ mm \cdot 297\ mm$

$A_{Papier} = 62\,370\ mm^2$

Skizze:

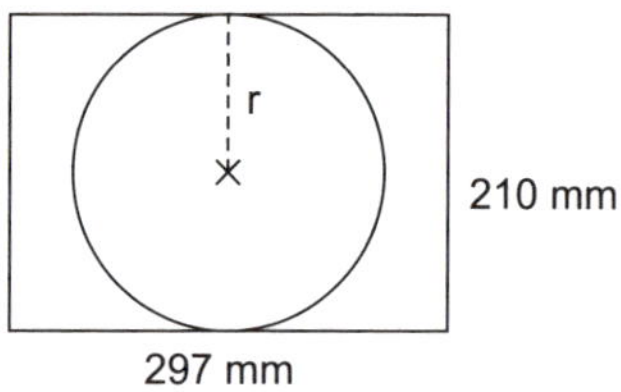

$$p = \frac{P \cdot 100}{G}$$

$$p = \frac{34\,618{,}5\ mm^2 \cdot 100}{62\,370\ mm^2}$$

$p\,\% \approx 55{,}5\,\%$

Es entsteht **100 % – 55,5 %** = 44,5 % Abfall.

82 $A = \pi \cdot r^2$

Pizza Mini:

Fläche:

$A = 3{,}14 \cdot (9\ cm)^2$

$A = 254{,}34\ cm^2$

Rechne mit dem Radius.

Preis pro cm^2:

$270\ ct : 254{,}34\ cm^2 \approx 1{,}06\ \frac{ct}{cm^2}$

Pizza Midi:

Fläche:

$A = 3{,}14 \cdot (12\ \text{cm})^2$

$A = 452{,}16\ \text{cm}^2$

Preis pro cm²:

$540\ \text{ct} : 452{,}16\ \text{cm}^2 \approx 1{,}19\ \frac{\text{ct}}{\text{cm}^2}$

Pizza Maxi:

Fläche:

$A = 3{,}14 \cdot (18\ \text{cm})^2$

$A = 1\,017{,}36\ \text{cm}^2$

Preis pro cm²:

$1\,080\ \text{ct} : 1\,017{,}36\ \text{cm}^2 \approx 1{,}06\ \frac{\text{ct}}{\text{cm}^2}$

Die Preise von Mini und Maxi sind im Verhältnis gleich, der Preis für Midi ist im Vergleich dazu zu teuer.

83 $d = 58\ \text{cm} + 2 \cdot 5\ \text{cm} = 68\ \text{cm}$

$r = 68\ \text{cm} : 2$

$r = 34\ \text{cm}$

$A = \pi \cdot r^2$

$A = 3{,}14 \cdot (34\ \text{cm})^2$

$A = 3\,629{,}84\ \text{cm}^2$

Skizze:

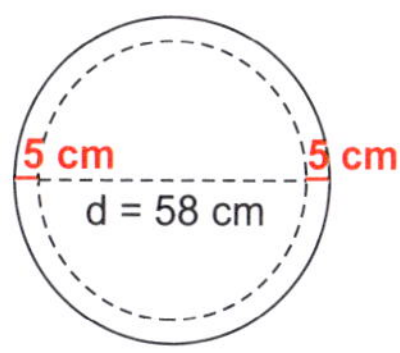

84 **Preis Rasen:**

$A_{Rasen} = 100\ \text{m} \cdot (60\ \text{m} - 2 \cdot 6\ \text{m})$

$A_{Rasen} = 100\ \text{m} \cdot 48\ \text{m}$

$A_{Rasen} = 4\,800\ \text{m}^2$

Von den 60 m muss links und rechts die Breite der Tartanbahn subtrahiert werden.

Preis pro m²:

$18\ € + 4{,}25\ € = 22{,}25\ €$

$4\,800\ \text{m}^2 \cdot 22{,}25\ \frac{€}{\text{m}^2} = 106\,800\ €$

Preis Tartanbahn:

$A_{2\ Geraden} = 2 \cdot 100\ \text{m} \cdot 6\ \text{m}$

$A_{2\ Geraden} = 1\,200\ \text{m}^2$

$A_{Kreis} = \pi \cdot r^2$

$A_{Kreis\ groß} = 3{,}14 \cdot (30\ \text{m})^2$

$A_{Kreis\ groß} = 2\,826\ \text{m}^2$

Die beiden Kurven der Tartanbahn lassen sich zu einem **Kreisring** zusammenschließen. Um die Fläche zu berechnen, musst du von der Fläche des großen Kreises (r = 30 m) die Fläche des kleinen Kreises (r = 30 m – 6 m) abziehen.

$A_{\text{Kreis klein}} = 3{,}14 \cdot (30\text{ m} - 6\text{ m})^2$
$A_{\text{Kreis klein}} = 3{,}14 \cdot (24\text{ m})^2$
$A_{\text{Kreis klein}} = 1\,808{,}64\text{ m}^2$

$A_{\text{Kurve}} = A_{\text{Kreis groß}} - A_{\text{Kreis klein}}$
$A_{\text{Kurve}} = 2\,826\text{ m}^2 - 1\,808{,}64\text{ m}^2$
$A_{\text{Kurve}} = 1\,017{,}36\text{ m}^2$

$A_{\text{Tartanbahn}} = A_{\text{2 Geraden}} + A_{\text{Kurve}}$
$A_{\text{Tartanbahn}} = 1\,200\text{ m}^2 + 1\,017{,}36\text{ m}^2$
$A_{\text{Tartanbahn}} = 2\,217{,}36\text{ m}^2$

$2\,217{,}36\text{ m}^2 \cdot 48\,\frac{€}{\text{m}^2} = 106\,433{,}28\text{ €}$

Preis gesamt:
106 800 € + 106 433,28 € = 213 233,28 €

85

		wahr	falsch
a)	Der Radius eines Kreises ist immer doppelt so groß wie sein Durchmesser.	☐	☒
b)	Der Durchmesser eines Kreises ist doppelt so groß wie der Radius.	☒	☐
c)	Ein Kreis mit dem Radius r = 1 m hat einen Umfang von 3,14 m.	☐	☒
d)	Ein Kreis mit dem Radius r = 1 m hat eine Fläche von 3,14 m².	☒	☐
e)	Verdoppelt man den Radius eines Kreises, so verdoppelt sich auch der Flächeninhalt des Kreises.	☐	☒

86 a) $A_{\text{Quadrat}} = a \cdot a$
$A_{\text{Quadrat}} = 5\text{ cm} \cdot 5\text{ cm}$
$A_{\text{Quadrat}} = 25\text{ cm}^2$

$A_{\text{4 Rechtecke}} = 4 \cdot a \cdot b$
$A_{\text{4 Rechtecke}} = 4 \cdot 5\text{ cm} \cdot 1{,}5\text{ cm}$
$A_{\text{4 Rechtecke}} = 30\text{ cm}^2$

$A = A_{\text{Quadrat}} + A_{\text{4 Rechtecke}}$
$A = 25\text{ cm}^2 + 30\text{ cm}^2$
$A = 55\text{ cm}^2$

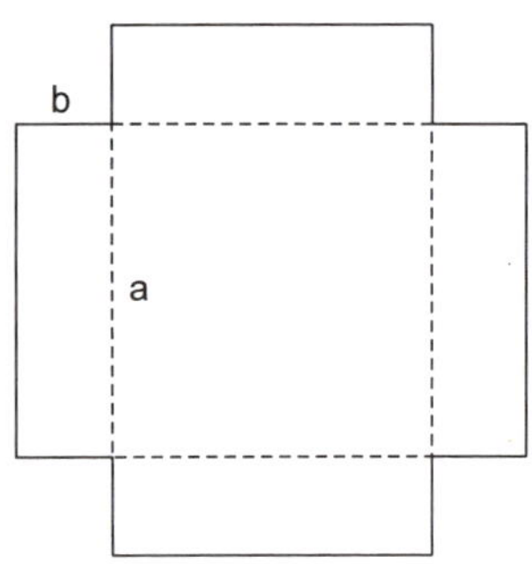

b) $A_{Quadrat} = a \cdot a$
$A_{Quadrat} = 3\ cm \cdot 3\ cm$
$A_{Quadrat} = 9\ cm^2$

$A_{Kreis} = \pi \cdot r^2$
$A_{Kreis} = 3{,}14 \cdot (3\ cm)^2$
$A_{Kreis} = 28{,}26\ cm^2$

$A = A_{Quadrat} + A_{Kreis}$
$A = 9\ cm^2 + 28{,}26\ cm^2$
$A = 37{,}26\ cm^2$

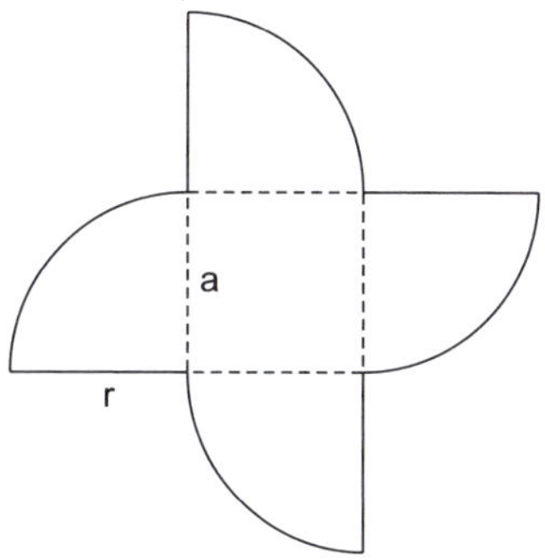

87 a) $A_{Dreieck} = \frac{g \cdot h}{2}$

$A_{Dreieck} = \frac{30\ m \cdot 40\ m}{2}$

$A_{Dreieck} = 600\ m^2$

$A_{Halbkreis} = \frac{1}{2} \cdot \pi \cdot r^2$

$A_{Halbkreis} = \frac{1}{2} \cdot 3{,}14 \cdot (15\ m)^2$

$A_{Halbkreis} = 353{,}25\ m^2$

$A = A_{Dreieck} + A_{Halbkreis}$
$A = 600\ m^2 + 353{,}25\ m^2$
$A = 953{,}25\ m^2 = 95\,325\ dm^2 = 9\,532\,500\ cm^2$

Die graue Fläche besteht aus einem Dreieck und einem **Halbkreis**.

Die Grundseite des Dreiecks ist so lang wie der Durchmesser des Kreises.

b) $A_{Quadrat} = a \cdot a$
$A_{Quadrat} = 40\ cm \cdot 40\ cm$
$A_{Quadrat} = 1\,600\ cm^2$

$A_{Kreis} = \pi \cdot r^2$
$A_{Kreis} = 3{,}14 \cdot (20\ cm)^2$
$A_{Kreis} = 1\,256\ cm^2$

$A = A_{Quadrat} - A_{Kreis}$
$A = 1\,600\ cm^2 - 1\,256\ cm^2$
$A = 344\ cm^2 = 3{,}44\ dm^2 = 0{,}0344\ m^2$

Um die graue Fläche auszurechnen, musst du von der Quadratfläche die Fläche der 4 Viertelkreise abziehen.

4 Viertelkreise ergeben zusammen einen ganzen Kreis.

88 a) Die Insel Sizilien hat in etwa die Form eines Dreiecks.

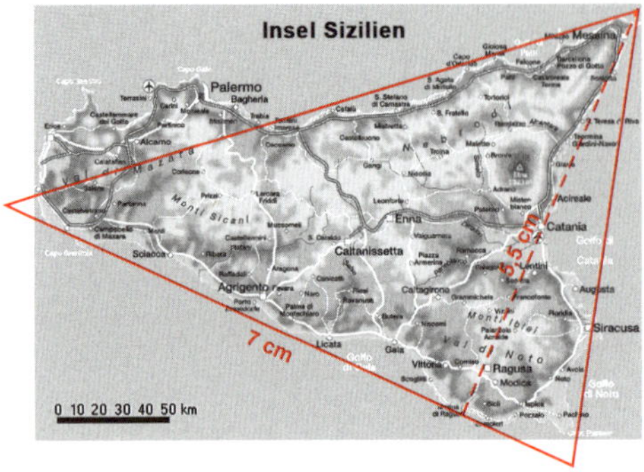

Bei dieser Aufgabe musst du zuerst überlegen, mit welcher bekannten Fläche du die Größe der Insel **abschätzen** kannst.

Maße auf Karte	**Maße in Wirklichkeit**
1,5 cm ≙	50 km
1 cm ≙	33,3… km
7 cm ≙	233,3… km ≈ 233 km
5,5 cm ≙	183,3… km ≈ 183 km

Mithilfe der maßstäblichen Karte kannst du mit dem **Dreisatz** die Längen der benötigten Seiten ermitteln.

$$A_{\text{Sizilien}} = \frac{g \cdot h}{2}$$

$$A_{\text{Sizilien}} = \frac{233\ \text{km} \cdot 183\ \text{km}}{2}$$

$$A_{\text{Sizilien}} = 21\,319{,}5\ \text{km}^2$$

Alle Werte zwischen 19 000 km^2 und 25 000 km^2 sind richtig.

b) Die Insel Elba kann man in ein schmales Rechteck und in ein Trapez zerlegen:

Zerlege die Insel zuerst in Flächen, die du berechnen kannst.

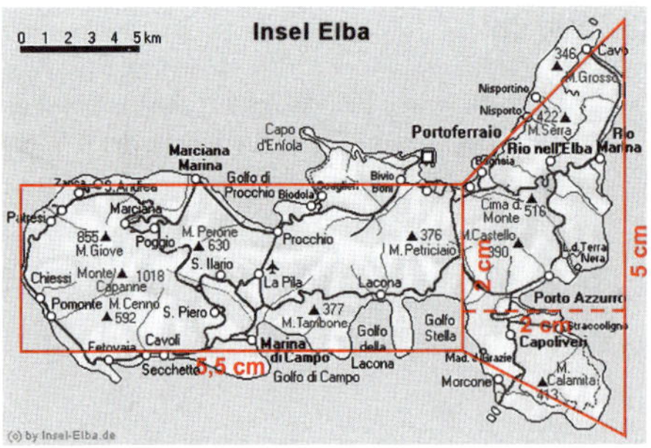

Maße auf Karte **Maße in Wirklichkeit**

$$1{,}5\text{ cm} \mathrel{\hat{=}} 5\text{ km}$$
$$1\text{ cm} \mathrel{\hat{=}} 3{,}3\ldots\text{ km}$$
$$5{,}5\text{ cm} \mathrel{\hat{=}} 18{,}3\ldots\text{ km} \approx 18\text{ km}$$
$$2\text{ cm} \mathrel{\hat{=}} 6{,}6\ldots\text{ km} \approx 7\text{ km}$$
$$5\text{ cm} \mathrel{\hat{=}} 16{,}6\ldots\text{ km} \approx 17\text{ km}$$

Obwohl die Inseln auf den Bildern fast gleich groß wirken, haben sie in Wirklichkeit eine völlig unterschiedliche Größe. Achte deshalb auf den **Maßstab**.

$$A_{Rechteck} = a \cdot b$$
$$A_{Rechteck} = 18\text{ km} \cdot 7\text{ km}$$
$$A_{Rechteck} = 126\text{ km}^2$$
$$A_{Trapez} = \frac{a+c}{2} \cdot h$$
$$A_{Trapez} = \frac{7\text{ km} + 17\text{ km}}{2} \cdot 7\text{ km}$$
$$A_{Trapez} = 84\text{ km}^2$$
$$A_{Elba} = A_{Rechteck} + A_{Trapez}$$
$$A_{Elba} = 126\text{ km}^2 + 84\text{ km}^2$$
$$A_{Elba} = 210\text{ km}^2$$

Alle Lösungen zwischen 180 km^2 und 230 km^2 sind richtig.

89 a) **1** Würfel

b) **3** Quader

c) **4** Dreiseitiges Prisma/Dreiecksprisma

d) **2** Kegel

90 a)

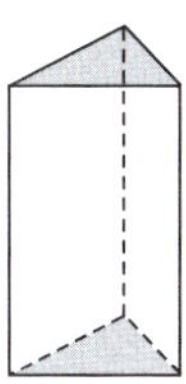

Prisma

b)

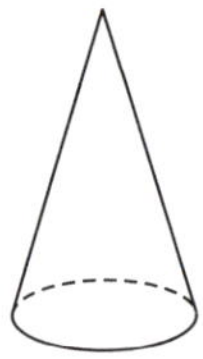

kein Prisma

c)

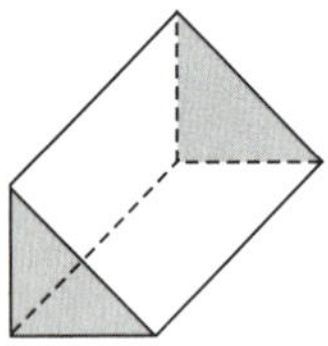

Prisma

d)

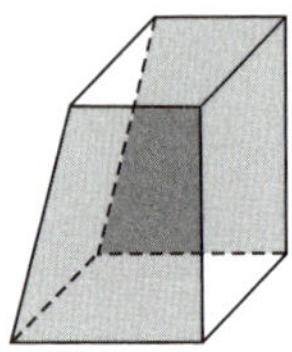

Prisma

91

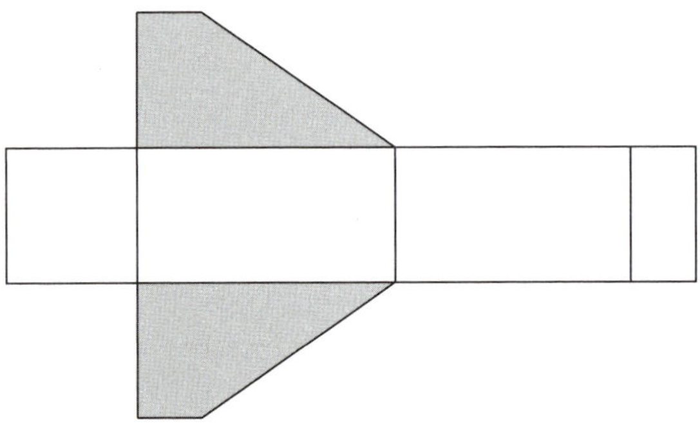

Trapezprisma

92 A 2 Trapezprisma

B 3 Würfel

C 1 Sechsecksprisma

93 Einen Zylinder ergeben a und c.

94

[X]

[X]

[X]

[ ]

95 Lösungswort: **R U N D**

Der Kreisumfang entspricht jeweils einer Rechtecksseite.

96

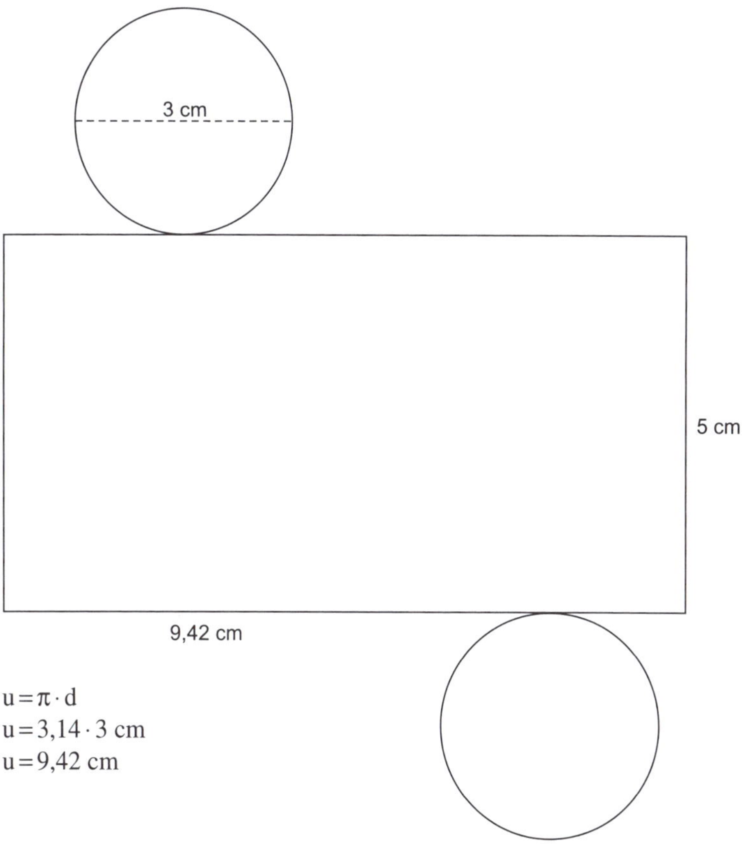

$u = \pi \cdot d$

$u = 3{,}14 \cdot 3\ \text{cm}$

$u = 9{,}42\ \text{cm}$

97

	mm³	cm³	dm³	m³
a)	**50 000**	50	**0,05**	**0,00005**
b)	**2 000 000**	**2 000**	2	**0,002**
c)	**1 500 000 000**	**1 500 000**	**1 500**	1,5
d)	**4 500 000**	4 500	**4,5**	**0,0045**
e)	500 000 000	**500 000**	**500**	**0,5**

98 a) Alle Prismen haben das gleiche Volumen, obwohl sie verschiedene Formen haben. Die Höhe und die Größe der Grundflächen (4,5 cm^2) sind aber gleich.

b) $V = G \cdot h$

$V = 4{,}5\ cm^2 \cdot 15\ cm$

$V = 67{,}5\ cm^3$

99 a) **Volumen:**

$V = G \cdot h$

$V = g \cdot h_P \cdot h$

$V = 5{,}8\ cm \cdot 3{,}5\ cm \cdot 14\ cm$

$V = 284{,}2\ cm^3$

Die Grundfläche des Prismas ist ein Parallelogramm.

Oberfläche:

Die Oberfläche setzt sich aus Grund- und Deckfläche, aus 2 gleich großen schrägen Seitenflächen sowie aus den gleich großen Ober- und Unterseiten zusammen.

Grundfläche:

$A_{Parallelogramm} = g \cdot h$

$A_{Parallelogramm} = 5{,}8\ cm \cdot 3{,}5\ cm$

$A_{Parallelogramm} = 20{,}3\ cm^2$

„Schräge" Seitenfläche:

$A_{Rechteck\ 1} = a \cdot b$

$A_{Rechteck\ 1} = 14\ cm \cdot 4\ cm$

$A_{Rechteck\ 1} = 56\ cm^2$

Obere Fläche:

$A_{Rechteck\ 2} = 14\ cm \cdot 5{,}8\ cm$

$A_{Rechteck\ 2} = 81{,}2\ cm^2$

$O = 2 \cdot A_{Parallelogramm} + 2 \cdot A_{Rechteck\ 1} + 2 \cdot A_{Rechteck\ 2}$

$O = 2 \cdot 20{,}3\ cm^2 + 2 \cdot 56\ cm^2 + 2 \cdot 81{,}2\ cm^2$

$O = 40{,}6\ cm^2 + 112\ cm^2 + 162{,}4\ cm^2$

$O = 315\ cm^2$

b) **Volumen:**

$V = G \cdot h$

$V = \frac{a+c}{2} \cdot h_T \cdot h$

Die Grundfläche des Prismas ist ein Trapez.

$V = \frac{9\text{ cm} + 6\text{ cm}}{2} \cdot 8{,}3\text{ cm} \cdot 6\text{ cm}$

$V = 373{,}5\text{ cm}^3$

Oberfläche:

$O = 2 \cdot G + M$

$O = 2 \cdot \frac{a+c}{2} \cdot h_T + u \cdot h$

$O = 2 \cdot \frac{9\text{ cm} + 6\text{ cm}}{2} \cdot 8{,}3\text{ cm} + (9\text{ cm} + 8{,}3\text{ cm} + 6\text{ cm} + 8{,}8\text{ cm}) \cdot 6\text{ cm}$

$O = 124{,}5\text{ cm}^2 + 192{,}6\text{ cm}^2$

$O = 317{,}1\text{ cm}^2$

100 a) $V = G \cdot h$
$V = \pi \cdot r^2 \cdot h$
$V = 3{,}14 \cdot (5\text{ cm})^2 \cdot 8\text{ cm}$
$V = 628\text{ cm}^3$

b) $V = G \cdot h$
$V = \pi \cdot r^2 \cdot h$
$V = 3{,}14 \cdot (\mathbf{7{,}5\text{ cm}})^2 \cdot 22\text{ cm}$
$V = 3\,885{,}75\text{ cm}^3$

Berechne den Radius aus dem Durchmesser.

c) $V = G \cdot h$
$V = \pi \cdot r^2 \cdot h$
$V = 3{,}14 \cdot (2\text{ cm})^2 \cdot \mathbf{200\text{ cm}}$
$V = 2\,512\text{ cm}^3$

Achte auf die Maßeinheiten.

d) $V = G \cdot h$
$V = \pi \cdot r^2 \cdot h$
$V = 3{,}14 \cdot (\mathbf{2{,}5\text{ m}})^2 \cdot \mathbf{0{,}05\text{ m}}$
$V = 0{,}98125\text{ m}^3$

		wahr	falsch
101	a) 750 $m\ell$ sind ein $\frac{3}{4}$ Liter.	☒	☐
	b) Verdoppelt sich der Durchmesser der Dose, so verdoppelt sich auch das Volumen.	☐	☒
	c) Die Dose könnte einen Durchmesser von etwa 16 cm und eine Höhe von etwa 15 cm haben.	☐	☒
	d) 750 $m\ell$ sind 750 dm^3.	☐	☒
	e) Verdoppelt sich die Höhe der Dose, dann verdoppelt sich auch das Volumen.	☒	☐

102 $V = G \cdot h$

Gesucht ist das Volumen eines Zylinders mit $h = 7{,}5\ m = 750\ cm$ und $d = 21\ mm = 2{,}1\ cm$.

$V = \pi \cdot r^2 \cdot h$

$V = 3{,}14 \cdot (\mathbf{1{,}05\ cm})^2 \cdot 750\ cm$

$V = 2\,596{,}3875\ cm^3 \approx 2{,}6\ dm^3 = 2{,}6\ \ell$

Bis das erste Warmwasser ankommt, laufen 2,6 ℓ durch die Leitung.

103 Die Leitersprossen haben einen Abstand von ca. 30 cm, d. h., die Grundfläche hat einen Durchmesser von etwa $6 \cdot 30\ cm = 180\ cm = 1{,}8\ m$.
Der Wagen ist etwa 3-mal so lang wie hoch, also $3 \cdot 6 \cdot 30\ cm = 540\ cm = 5{,}4\ m$.

$V = G \cdot h$

$V = \pi \cdot r^2 \cdot h$

$V = 3{,}14 \cdot (\mathbf{0{,}9\ m})^2 \cdot 5{,}4\ m$

$V \approx 14\ m^3$

Der Kesselwagen hat ein Volumen von ca. 14 m^3.

104 $V = G \cdot h$

$V = \pi \cdot r^2 \cdot h$

Masse Stange 1:

$V_1 = 3{,}14 \cdot (\mathbf{0{,}5\ cm})^2 \cdot 450\ cm$

$V_1 = 353{,}25\ cm^3$

$353{,}25\ cm^3 \cdot 7{,}85\ \frac{g}{cm^3} = 2\,773{,}0125\ g \approx 3\ kg$

Masse Stange 2:

$V_2 = 3{,}14 \cdot (\mathbf{1\ cm})^2 \cdot 450\ cm$

$V_2 = 1\,413\ cm^3$

$1\,413\ cm^3 \cdot 7{,}85\ \frac{g}{cm^3} = 11\,092{,}05\ g \approx 11\ kg$

Masse Stange 3:

$V_3 = 3{,}14 \cdot (2{,}5\ \text{cm})^2 \cdot 450\ \text{cm}$

$V_3 = 8\,831{,}25\ \text{cm}^3$

$8\,831{,}25\ \text{cm}^3 \cdot 7{,}85\ \frac{\text{g}}{\text{cm}^3} = 69\,325{,}3125\ \text{g} \approx 69\ \text{kg}$

Masse insgesamt:

$3\ \text{kg} + 11\ \text{kg} + 69\ \text{kg} = 83\ \text{kg}$

Ich denke, eine kurze Strecke könnten die beiden alle Stangen auf einmal tragen. Ist der Weg weit, könnte es aber schwer werden.

105 $u = \pi \cdot d$

$u = 3{,}14 \cdot 20\ \text{mm}$

$u = 62{,}8\ \text{mm}$

$O = 2 \cdot G + M$

$O = 2 \cdot \pi \cdot r^2 + u \cdot h$

$O = 2 \cdot 3{,}14 \cdot (10\ \text{mm})^2 + 62{,}8\ \text{mm} \cdot 25\ \text{mm}$

$O = 2\,198\ \text{mm}^2$

106 a) $O = 2 \cdot G + M$

$O = 2 \cdot \pi \cdot r^2 + 2 \cdot \pi \cdot r \cdot h$

$O = 2 \cdot 3{,}14 \cdot (5\ \text{cm})^2 + 2 \cdot 3{,}14 \cdot 5\ \text{cm} \cdot 8\ \text{cm}$

$O = 408{,}2\ \text{cm}^2$

b) $O = 2 \cdot G + M$

$O = 2 \cdot \pi \cdot r^2 + \pi \cdot d \cdot h$

$O = 2 \cdot 3{,}14 \cdot (7{,}5\ \text{cm})^2 + 3{,}14 \cdot 15\ \text{cm} \cdot 22\ \text{cm}$ — Rechne mit dem Radius.

$O = 1\,389{,}45\ \text{cm}^2$

c) $O = 2 \cdot G + M$

$O = 2 \cdot \pi \cdot r^2 + 2 \cdot \pi \cdot r \cdot h$

$O = 2 \cdot 3{,}14 \cdot (2\ \text{cm})^2 + 2 \cdot 3{,}14 \cdot 2\ \text{cm} \cdot 200\ \text{cm}$ — Achte auf die Maßeinheiten.

$O = 2\,537{,}12\ \text{cm}^2$

d) $O = 2 \cdot G + M$

$O = 2 \cdot \pi \cdot r^2 + \pi \cdot d \cdot h$

$O = 2 \cdot 3{,}14 \cdot (2{,}5\ \text{m})^2 + 3{,}14 \cdot 5\ \text{m} \cdot 0{,}05\ \text{m}$

$O = 40{,}035\ \text{m}^2$

107 a) $M = u \cdot h$

$M = \pi \cdot d \cdot h$

$M = 3{,}14 \cdot \mathbf{0{,}9\ m} \cdot 2{,}5\ m$

Achte auf die Maßeinheiten.

$M = 7{,}065\ m^2$

$50\,000 \cdot 7{,}065\ m^2 = 353\,250\ m^2$

b) $20 \cdot 0{,}5\ m \cdot 0{,}5\ m = 5\ m^2$

Der Platz reicht, da auf einer Säule etwa 7 m^2 zur Verfügung stehen.

108 a) **Radius:**

$u = 2 \cdot \pi \cdot r$

$210\ mm = 2 \cdot 3{,}14 \cdot r \quad |:2 \quad |:3{,}14$

$r \approx 33{,}4\ mm$

Volumen:

$V = G \cdot h$

$V = \pi \cdot r^2 \cdot h$

$V = 3{,}14 \cdot (33{,}4\ mm)^2 \cdot 110\ mm$

$V = 385\,314{,}424\ mm^3 \approx 385\ cm^3 \approx 0{,}39\ dm^3 = 0{,}39\ \ell$

Die Aussage kann stimmen.

b) $O = 2 \cdot G + M$

$O = 2 \cdot \pi \cdot r^2 + u \cdot h$

$O = 2 \cdot 3{,}14 \cdot (33{,}4\ mm)^2 + 210\ mm \cdot 110\ mm$

$O = 30\,105{,}7168\ mm^2 \approx 301\ cm^2 \approx 3\ dm^2 = 0{,}03\ m^2$

$2\,000 \cdot 0{,}03\ m^2 = 60\ m^2$

Es werden ca. 60 m^2 Blech benötigt.

109 a) **Mini:**

$O = 2 \cdot G + M$

$O = 2 \cdot \pi \cdot r^2 + \pi \cdot d \cdot h$

$O = 2 \cdot 3{,}14 \cdot (\mathbf{25\ mm})^2 + 3{,}14 \cdot 50\ mm \cdot 85\ mm$

Beachte, dass der Durchmesser gegeben ist.

$O = 17\,270\ mm^2 \approx 173\ cm^2$

Blechbedarf:

$1\,250 \cdot 173\ cm^2 = 216\,250\ cm^2$

Maxi:

$O = 2 \cdot G + M$

$O = 2 \cdot \pi \cdot r^2 + \pi \cdot d \cdot h$

$O = 2 \cdot 3{,}14 \cdot (\mathbf{3{,}75\ cm})^2 + 3{,}14 \cdot 7{,}5\ cm \cdot \mathbf{11\ cm}$

Achte auf die Maßeinheiten.

$O = 347{,}3625\ cm^2 \approx 3{,}5\ dm^2$

Blechbedarf:
$1\,500 \cdot 3{,}5\ \text{dm}^2 = 5\,250\ \text{dm}^2$

b) **Mini:**
$V = G \cdot h$
$V = \pi \cdot r^2 \cdot h$
$V = 3{,}14 \cdot (\mathbf{25\ mm})^2 \cdot 85\ \text{mm}$
$V = 166\,812{,}5\ \text{mm}^3 \approx 167\ \text{cm}^3 = 0{,}167\ \text{dm}^3 = 0{,}167\ \ell$

Maxi:
$V = G \cdot h$
$V = \pi \cdot r^2 \cdot h$
$V = 3{,}14 \cdot (\mathbf{3{,}75\ cm})^2 \cdot \mathbf{11\ cm}$
$V = 485{,}71875\ \text{cm}^3 \approx 0{,}486\ \text{dm}^3 = 0{,}486\ \ell$

110 a) $V = G \cdot h$
$V = \pi \cdot r^2 \cdot h$
$V = 3{,}14 \cdot (\mathbf{35\ cm})^2 \cdot 70\ \text{cm}$
$V = 269\,255\ \text{cm}^3 \approx 269\ \text{dm}^3 = 269\ \ell$

Ja, die Regentonne kann 250 Liter fassen.

b) $M = \pi \cdot d \cdot h$
$M = 3{,}14 \cdot 70\ \text{cm} \cdot 70\ \text{cm}$
$M = 15\,386\ \text{cm}^2 = 153{,}86\ \text{dm}^2 \approx 1{,}5\ \text{m}^2$

Die Dose reicht leicht, man benötigt nur **350 mℓ · 1,5 = 525 mℓ** Lack.

111 a) $V = V_{\text{großer Quader}} + V_{\text{kleiner Quader}}$
$V = a_1 \cdot b_1 \cdot c_1 + a_2 \cdot b_1 \cdot c_2$
$V = 5\ \text{cm} \cdot 2\ \text{cm} \cdot 4\ \text{cm} + 3\ \text{cm} \cdot 2\ \text{cm} \cdot 4\ \text{cm}$
$V = 64\ \text{cm}^3 = 0{,}064\ \text{dm}^3$

b) $V = V_{\text{Trapezprisma}} + V_{\text{Dreiecksprisma}}$

$$V = \frac{a+c}{2} \cdot h_T \cdot h + \frac{c \cdot h_D}{2} \cdot h$$

$$V = \frac{3\ \text{cm} + 5\ \text{cm}}{2} \cdot 4\ \text{cm} \cdot 3\ \text{cm} + \frac{5\ \text{cm} \cdot 3\ \text{cm}}{2} \cdot 3\ \text{cm}$$

$$V = 48\ \text{cm}^3 + 22{,}5\ \text{cm}^3$$

$$V = 70{,}5\ \text{cm}^3 = 0{,}0705\ \text{dm}^3$$

112

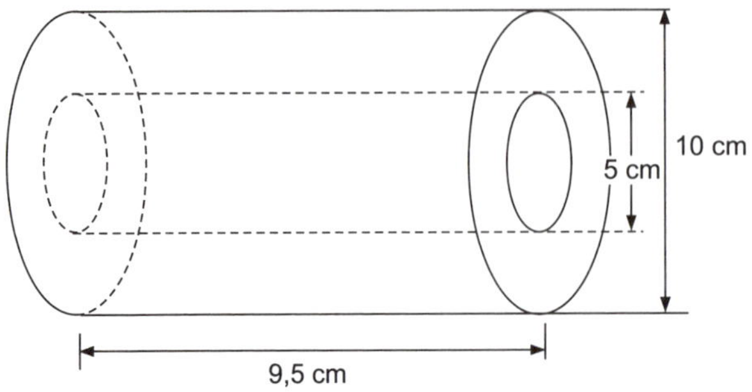

$V_{groß} = G \cdot h$
$V_{groß} = \pi \cdot r^2 \cdot h$
$V_{groß} = 3{,}14 \cdot (\mathbf{5\ cm})^2 \cdot 9{,}5\ cm$
$V_{groß} = 745{,}75\ cm^3$

Es handelt sich bei diesem Körper um einen Zylinder, aus dem ein kleinerer Zylinder herausgeschnitten wurde.

$V_{klein} = G \cdot h$
$V_{klein} = \pi \cdot r^2 \cdot h$
$V_{klein} = 3{,}14 \cdot (\mathbf{2{,}5\ cm})^2 \cdot 9{,}5\ cm$
$V_{klein} = 186{,}4375\ cm^3$

$V = V_{groß} - V_{klein}$
$V = 745{,}75\ cm^3 - 186{,}4375\ cm^2$
$V = 559{,}3125\ cm^3 \approx 559\ cm^3$

Es befindet sich etwa 559 cm^3 Klopapier auf der Rolle.

113 a) $A = a \cdot b$
$A = 7{,}2\ m \cdot 14\ m$
$A = 100{,}8\ m^2$

b) **Seitenflächen:**
$A = 2 \cdot a \cdot b$
$A = 2 \cdot 14\ m \cdot 2{,}2\ m$
$A = 61{,}6\ m^2$

Es gibt jeweils 2 Flächen.

Dachflächen:
$A = 2 \cdot a \cdot b$
$A = 2 \cdot 14\ m \cdot 3{,}45\ m$
$A = 96{,}6\ m^2$

Vorder- und Rückseite:

$$A = 2 \cdot (A_{Rechteck} + A_{Dreieck})$$

$$A = 2 \cdot \left(a \cdot b + \frac{g \cdot h}{2} \right)$$

$$A = 2 \cdot \left(7{,}2\ m \cdot 2{,}2\ m + \frac{7{,}2\ m \cdot (3{,}2\ m - 2{,}2\ m)}{2} \right)$$

$$A = 2 \cdot (15{,}84\ m^2 + 3{,}6\ m^2)$$

$$A = 38{,}88\ m^2$$

Fläche insgesamt:

$$A = 61{,}6\ m^2 + 96{,}6\ m^2 + 38{,}88\ m^2$$

$$A = 197{,}08\ m^2 \approx 200\ m^2$$

Es wird etwa 200 m^2 Glas benötigt.

c) $V = G \cdot h$

$V = 38{,}88\ m^2 : 2 \cdot 14\ m$ — Die Grundfläche ist die Vorderseite.

$V = 272{,}16\ m^3$

114 $V_{Würfel} = a \cdot a \cdot a$

$V_{Würfel} = 3\ cm \cdot 3\ cm \cdot 3\ cm$

$V_{Würfel} = 27\ cm^3$

$V_{Zylinder} = G \cdot h$

$V_{Zylinder} = \pi \cdot r^2 \cdot h$

$V_{Zylinder} = 3{,}14 \cdot (1{,}5\ cm)^2 \cdot 3\ cm$

$V_{Zylinder} = 21{,}195\ cm^3$

$V = V_{Würfel} + V_{Zylinder}$

$V = 27\ cm^3 + 21{,}195\ cm^3$

$V = 48{,}195\ cm^3$

Skizze:

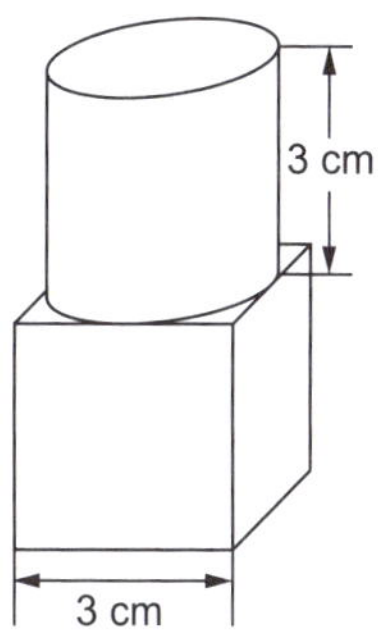

115 a) $V_{Prisma} = G \cdot h$

$V_{Prisma} = 80\ cm^2 \cdot 4\ cm$

$V_{Prisma} = 320\ cm^3$

$V_{Zylinder} = G \cdot h$

$V_{Zylinder} = \pi \cdot r^2 \cdot h$

$V_{Zylinder} = 3{,}14 \cdot (1\ cm)^2 \cdot 15\ cm$

$V_{Zylinder} = 47{,}1\ cm^3$

$V = 2 \cdot V_{Prisma} + V_{Zylinder}$

$V = 2 \cdot 320\ cm^3 + 47{,}1\ cm^3$

$V = 687{,}1\ cm^3$

b) $687{,}1\ cm^3 \cdot 7{,}9\ \frac{g}{cm^3} = 5\,428{,}09\ g \approx 5{,}4\ kg$

116 a)

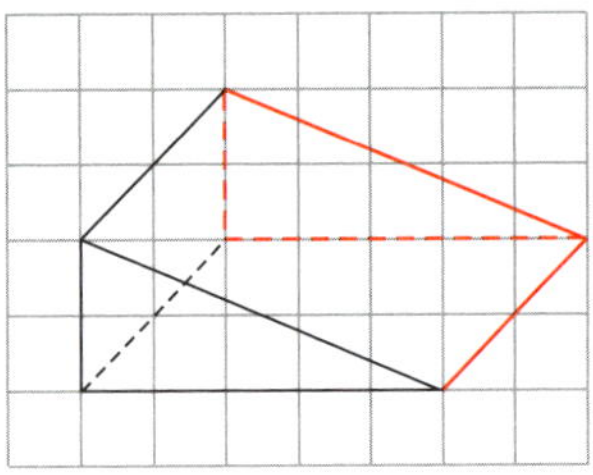

b)

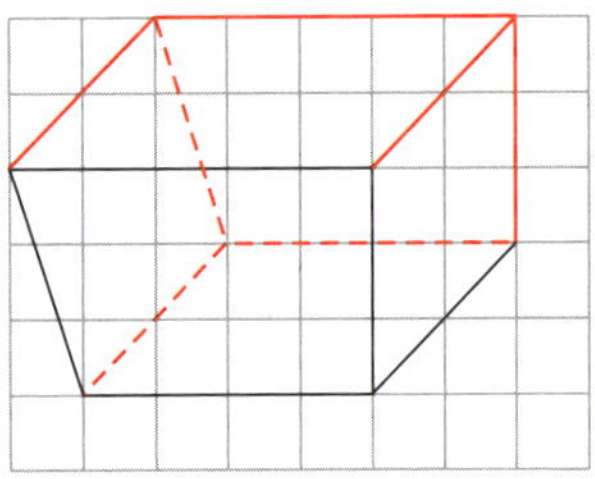

c)

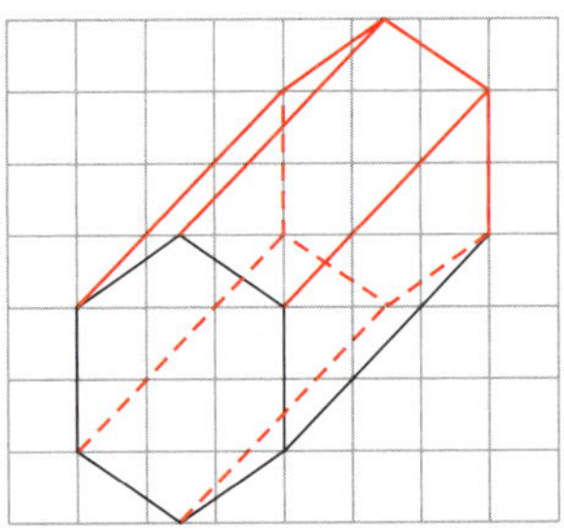

d)

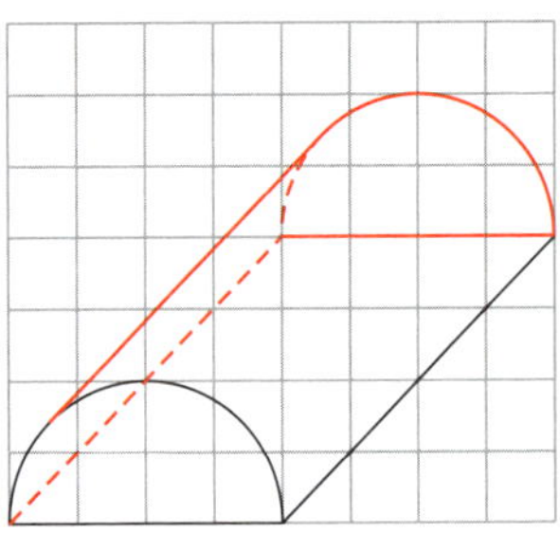

117 a)

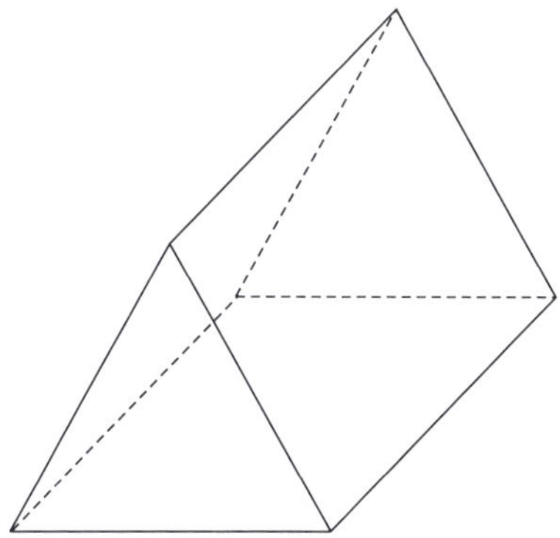

b)

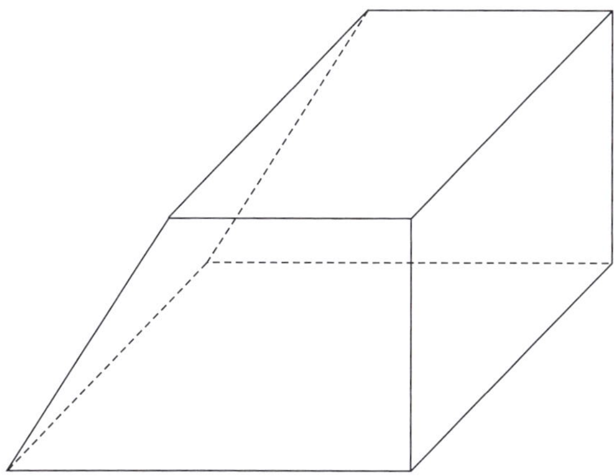

118

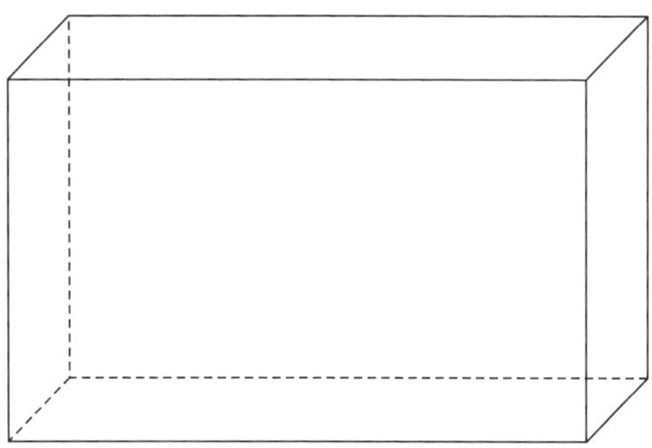

119 a) Die nach hinten laufenden Kanten wurden nicht halbiert.

b) Die nach hinten laufenden Kanten sind nicht im 45°-Winkel gezeichnet.

120 a)

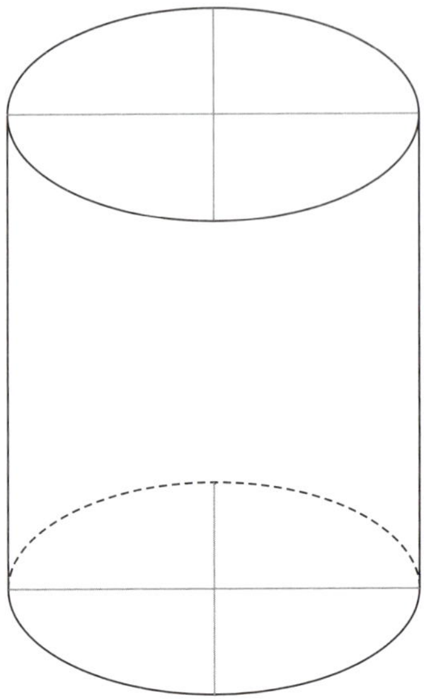

b)

121 a) **A** Vorderansicht oder Seitenansicht
B Draufsicht

b) **A** Draufsicht
B Vorderansicht oder Seitenansicht

c) **A** Draufsicht
B Vorderansicht
C Seitenansicht (von links)
D Seitenansicht (von rechts)

d) **A** Vorderansicht
B Seitenansicht (von links)
C Draufsicht
D Seitenansicht (von rechts)

122 a)

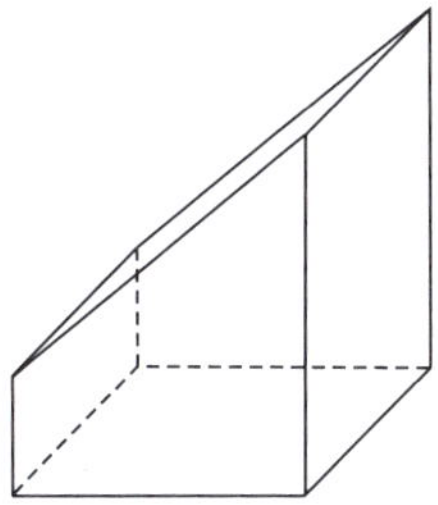

b)

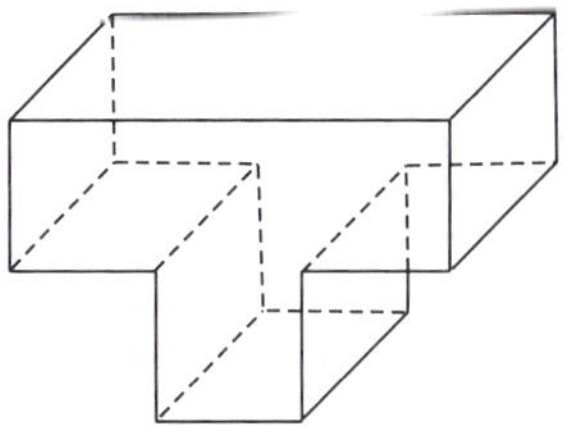

123 a) **Vorderansicht:**

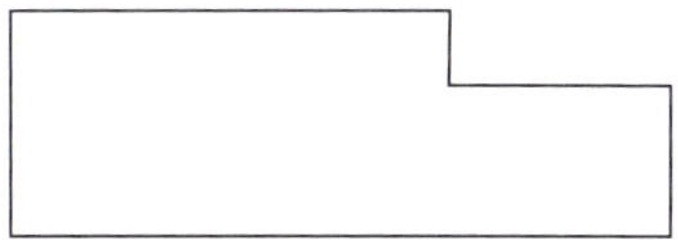

Draufsicht:

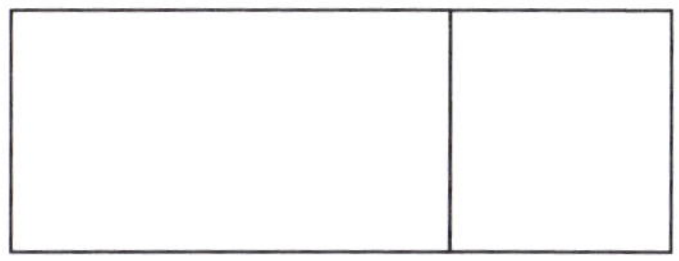

Seitenansicht:

von rechts

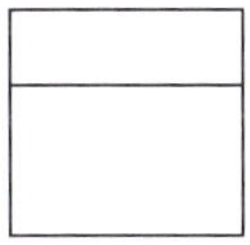

von links

b) **Vorder-/Seitenansicht:**

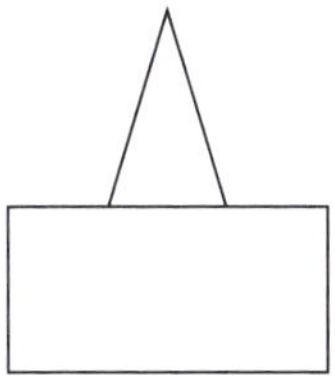

Draufsicht:

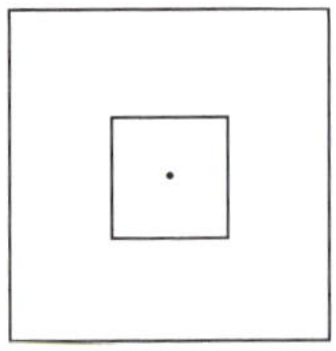

124 a) die Summe von +

b) die Differenz von –

c) das Produkt von ·

d) der Quotient von :

e) subtrahieren –

f) dividieren :

g) das …-Fache ·

h) um … vergrößern +

i) vermindern –

j) multiplizieren ·

k) addieren +

l) der … Teil :

125 Lösungswort: **B E R L I N**

126 a) $x + y + x + x + x + y = 4x + 2y$

b) $y + y + x + x + x + x + x + y + y = 4y + 5x$

127 Mögliche Lösungen:

a)

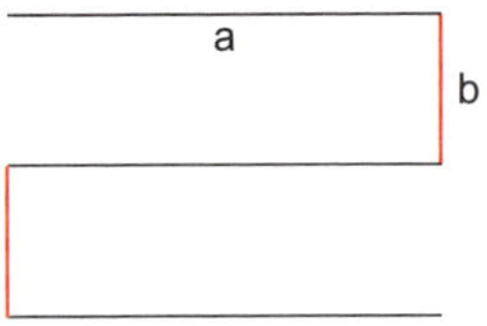

b) 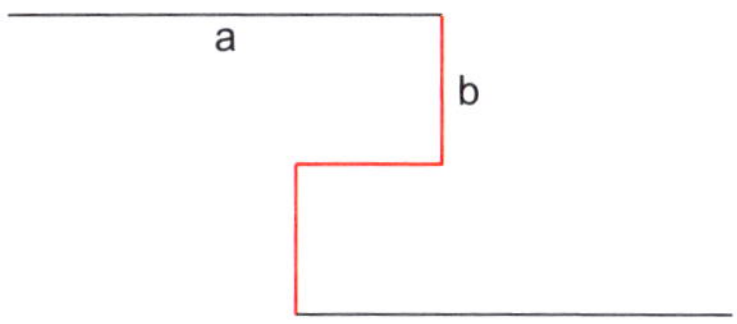

Figur a ist länger.

128

x	–2	–1	0	1	2
2x + 1	–3	–1	1	3	5
–3x	6	3	0	–3	–6

129 a) $4 \cdot \mathbf{15} + 20 = 80$

b) $1{,}2 + \mathbf{15} + 4{,}8 + 5 \cdot \mathbf{15} = 96$

c) $750 : \mathbf{15} + 1{,}5 \cdot \mathbf{15} = 72{,}5$

d) $8 + 0{,}5 \cdot \mathbf{15} = 15{,}5$

e) $300 - 15 \cdot \mathbf{15} = 75$

f) $10 \cdot \mathbf{15} - 44 + \frac{1}{3} \cdot \mathbf{15} = 111$

Summe: $80 + 96 + 72{,}5 + 15{,}5 + 75 + 111 = 450$

130 a) $x - 1$

b) $\mathbf{12} - 1 = 11$
$\mathbf{-10} - 1 = -11$

131 a) $2x + 4y - (x + y) =$
$2x + 4y - x - y = x + 3y$

b) $4x + (2x + y) - 5y =$
$4x + 2x + y - 5y = 6x - 4y$

c) $6y - (5x + 6y) =$
$6y - 5x - 6y = -5x$

d) $2\,(2x + y) = 4x + 2y$

e) $5(y + 3x) + 8 = 5y + 15x + 8$

f) $60 - 2(x + y) = 60 - 2x - 2y$

132 a) $25-(26-4)+70=73$

b) $25-26-(4+70)=-75$

133

a 4	2	b 9	■	c 1	d 2	e 1
0	■	f 2	g 3	■	4	9
■	h 1	1	4	i 4	■	8
j 1	7	■	k 9	4	l 1	■
m 3	6	7	8	■	n 6	4

134

a) $3x+3=18$	☐ $x=1$	☐ $x=3$	☒ $x=5$
b) $30+2y+8=42$	☐ $y=1$	☒ $y=2$	☐ $y=3$
c) $13a-7=32$	☐ $a=1$	☐ $a=2$	☒ $a=3$

135 a)
$$\begin{aligned} 7+5y &= 12 && \mid -7 \\ 5y &= 5 && \mid :5 \\ y &= 1 \end{aligned}$$

Probe:
$$\begin{aligned} 7+5\cdot 1 &= 12 \\ 12 &= 12 \quad \text{(wahr)} \end{aligned}$$

b)
$$\begin{aligned} 5b-4 &= 36 && \mid +4 \\ 5b &= 40 && \mid :5 \\ b &= 8 \end{aligned}$$

Probe:
$$\begin{aligned} 5\cdot 8-4 &= 36 \\ 36 &= 36 \quad \text{(wahr)} \end{aligned}$$

c)
$$\begin{aligned} 9a-2 &= 8a+1 && \mid +2 \\ 9a &= 8a+3 && \mid -8a \\ a &= 3 \end{aligned}$$

Probe:
$$\begin{aligned} 9\cdot 3-2 &= 8\cdot 3+1 \\ 25 &= 25 \quad \text{(wahr)} \end{aligned}$$

d) $6x+3=4x+7 \quad |-3$

$6x=4x+4 \quad |-4x$

$2x=4 \quad |:2$

$x=2$

Probe:

$6\cdot\mathbf{2}+3=4\cdot\mathbf{2}+7$

$15=15$ (wahr)

e) $20z+344,3=58,7z-42,7 \quad |+42,7$

$20z+387=58,7z \quad |-20z$

$387=38,7z \quad |:38,7$

$z=10$

Probe:

$20\cdot\mathbf{10}+344,3=58,7\cdot\mathbf{10}-42,7$

$544,3=544,3$ (wahr)

f) $0,14c-1,6=720,8-0,06c \quad |+0,06c$

$0,2c-1,6=720,8 \quad |+1,6$

$0,2c=722,4 \quad |:0,2$

$c=3\,612$

Probe:

$0,14\cdot\mathbf{3\,612}-1,6=720,8-0,06\cdot\mathbf{3\,612}$

$504,08=504,08$ (wahr)

136 a) $\frac{1}{2}(4y-2)=19$

$2y-1=19 \quad |+1$

$2y=20 \quad |:2$

$y=10$

b) $4(x+2)=20$

$4x+8=20 \quad |-8$

$4x=12 \quad |:4$

$x=3$

c) $5+2(a+3)=18$

$5+2a+6=18$

$11+2a=18 \quad |-11$

$2a=7 \quad |:2$

$a=3,5$

d) $3(x+1) = 17-(2x-6)$
$3x+3 = 17-2x+6$
$3x+3 = 23-2x \quad |-3$
$3x = 20-2x \quad |+2x$
$5x = 20 \quad |:5$
$x = 4$

137 a) $4-(x+5) = 8x-19$
$4-x-5 = 8x-19$
$-x-1 = 8x-19 \quad |+19$
$-x+18 = 8x \quad |+x$
$18 = 9x \quad |:9$
$x = 2$

b) $26x+2(x-5) = -38$
$26x+2x-10 = -38$
$28x-10 = -38 \quad |+10$
$28x = -28 \quad |:28$
$x = -1$

c) $9y-50 = 6y-56 \quad |+50$
$9y = 6y-6 \quad |-6y$
$3y = -6 \quad |:3$
$y = -2$

d) $4-(x+7) = 7x-3$
$4-x-7 = 7x-3$
$-3-x = 7x-3 \quad |+3$
$-x = 7x \quad |+x$
$0 = 8x \quad |:8$
$x = 0$

Lösungswort: **T E R M**

138 a) $x+20 = 38 \quad |-20$
$x = 18$

addiere: „+“

b) $3x+2=11 \quad |-2$ 3-Fachen: „3 ·“
$3x=9 \quad |:3$
$x=3$

c) $x+(x+1)+(x+1)+1=60$
$3x+3=60 \quad |-3$
$3x=57 \quad |:3$
$x=19$

1. Zahl: x
2. Zahl: $x+1$
3. Zahl: $(x+1)+1$

oder:
$(x-1)+x+(x+1)=60$
$3x=60 \quad |:3$
$x=20$

1. Zahl: $x-1$
2. Zahl: x
3. Zahl: $x+1$

1. Zahl: 19
2. Zahl: 20
3. Zahl: 21

d) $10x-8=82 \quad |+8$ subtrahiere: „–“
$10x=90 \quad |:10$
$x=9$

139 a) Mögliche Lösung:
Wenn man eine Zahl vervierfacht und 45 addiert, erhält man 112.

b) Mögliche Lösung:
Addiere 3 aufeinanderfolgende Zahlen und du erhältst 50.

c) Mögliche Lösung:
Nina ist 14 Jahre älter als Heidi und Jonas ist doppelt so alt wie Heidi.
Zusammen sind sie 78 Jahre alt.

140 a) Anzahl der Dosen: x
$300\text{ g}\cdot x+500\text{ g}=12\,000\text{ g} \quad |-500\text{ g}$
$300\text{ g}\cdot x=11\,500\text{ g} \quad |:300\text{ g}$
$x\approx 38{,}3$
Man kann höchstens 38 Dosen einpacken.

b) Mögliche Lösungen:
Anzahl der 300-g-Dosen + Anzahl der 200-g-Dosen + Verpackung = 12 000 g
$\mathbf{5}\cdot 300\text{ g}+\mathbf{50}\cdot 200\text{ g}+500\text{ g}=12\,000\text{ g}$
$\mathbf{15}\cdot 300\text{ g}+\mathbf{35}\cdot 200\text{ g}+500\text{ g}=12\,000\text{ g}$
$\mathbf{25}\cdot 300\text{ g}+\mathbf{20}\cdot 200\text{ g}+500\text{ g}=12\,000\text{ g}$

141 **Skizze:**

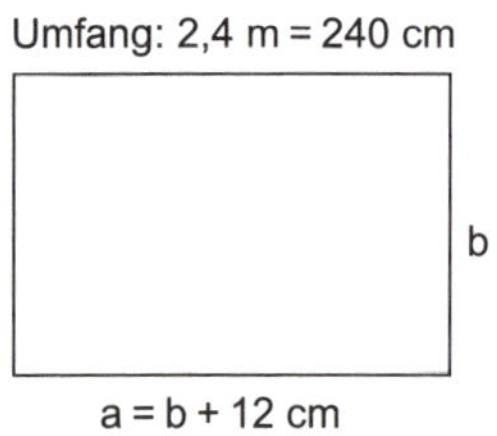

Rechnung:

$$u = 2a + 2b$$
$$240\text{ cm} = 2(b + 12\text{ cm}) + 2b$$
$$240\text{ cm} = 2b + 24\text{ cm} + 2b$$
$$240\text{ cm} = 4b + 24\text{ cm} \quad |-24\text{ cm}$$
$$216\text{ cm} = 4b \quad |:4$$
$$b = 54\text{ cm}$$

Seite b ist 54 cm lang, Seite a ist **54 cm + 12 cm** = 66 cm lang.

142 **Skizze:**

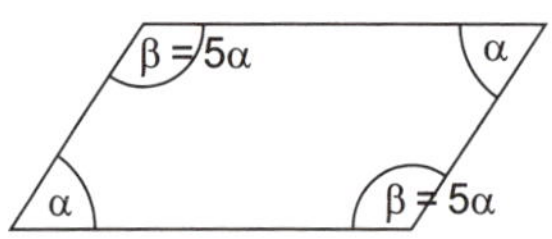

In einem Parallelogramm sind gegenüberliegende Winkel gleich groß.

Rechnung:

$$\alpha + \beta + \alpha + \beta = 360°$$
$$\alpha + 5\alpha + \alpha + 5\alpha = 360°$$
$$12\alpha = 360° \quad |:12$$
$$\alpha = 30°$$

Die Winkelsumme in einem Viereck beträgt 360°.

α ist 30° groß, β ist **5 · 30°** = 150° groß.

143 Alter Sohn: x
Alter Mutter: 3x
Zusammen: 56

$$x + 3x = 56$$
$$4x = 56 \quad |:4$$
$$x = 14$$

Der Sohn ist 14 Jahre, die Mutter ist **3 · 14 Jahre** = 42 Jahre.

144 Anzahl km 1. Tag: x
Anzahl km 2. Tag: $x + 5$
Anzahl km 3. Tag: $2x$
Anzahl km 4. Tag: $2x - 5$
Anzahl km 5. Tag: $x + 14$
Insgesamt: 252

$$x + x + 5 + 2x + 2x - 5 + x + 14 = 252$$
$$7x + 14 = 252 \quad | -14$$
$$7x = 238 \quad | :7$$
$$x = 34$$

Am 1. Tag sind Jens und Tim 34 km geradelt, am 2. Tag **34 km + 5 km** = 39 km, am 3. Tag schafften sie **2 · 34 km** = 68 km, am 4. Tag **2 · 34 km – 5 km** = 63 km und am 5. Tag legten sie **34 km + 14 km** = 48 km zurück.

145 Preis Pumps: x
Preis Turnschuhe: $x - 5$
Preis Flipflops: $\frac{1}{2}(x - 5)$
Preis insgesamt: 60

$$x + x - 5 + \frac{1}{2}(x - 5) = 60$$
$$x + x - 5 + \frac{1}{2}x - 2{,}5 = 60$$
$$2{,}5x - 7{,}5 = 60 \quad | +7{,}5$$
$$2{,}5x = 67{,}5 \quad | :2{,}5$$
$$x = 27$$

Die Pumps kosten 27 €, die Turnschuhe kosten **27 € – 5 €** = 22 € und die Flipflops kosten $\frac{1}{2}$ **(27 € – 5 €)** = 11 €.

146 a) (:5)

x	1	5	12	20	21
y	**16**	80	**192**	**320**	**336**

(:5)

b) (:4)

x	0,5	2	2,5	5	6
y	**2**	8	**10**	**20**	**24**

(:4)

147 Es liegt keine proportionale Zuordnung vor, das Wertepaar (5 | 19) liegt nicht auf der Geraden durch den Ursprung.

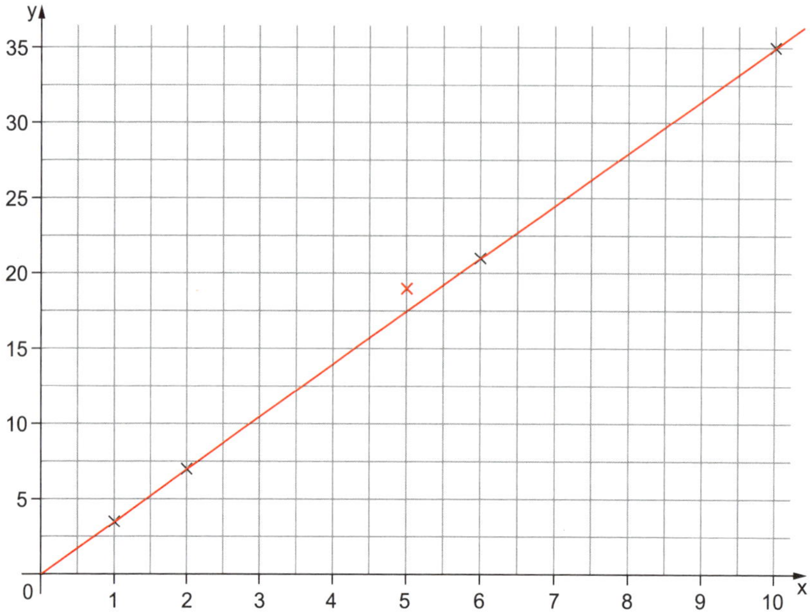

148 250 Prospekte ≙ 12,50 €

1 Prospekt ≙ 0,05 €

950 Prospekte ≙ 47,50 €

Er verdient 47,50 €.

149 **Stundenlohn Tim:**

4 Stunden ≙ 24 €

1 Stunde ≙ 6 €

Stundenlohn Daniel:

9 Stunden ≙ 45 €

1 Stunde ≙ 5 €

Tim hat den besseren Stundenlohn.

150 **Euroglück:**

100 € ≙ 798,50 Kronen

1 € ≙ 7,985 Kronen

Kronenfreuden:

15,21 € ≙ 100 Kronen

1 € ≙ 6,574… Kronen ≈ 6,57 Kronen

Tanja sollte ihr Geld bei Euroglück wechseln, da sie hier für 1 € mehr Kronen bekommt.

Helga dagegen sollte bei Kronenfreuden wechseln, da sie hier für 1 € weniger Kronen hergeben muss.

151 a)

m^3	**1**	2	3	4	5	6	7	8	9	10
Preis in €	**2,12**	4,24	6,36	8,48	10,60	12,72	14,84	16,96	19,08	21,20

b)

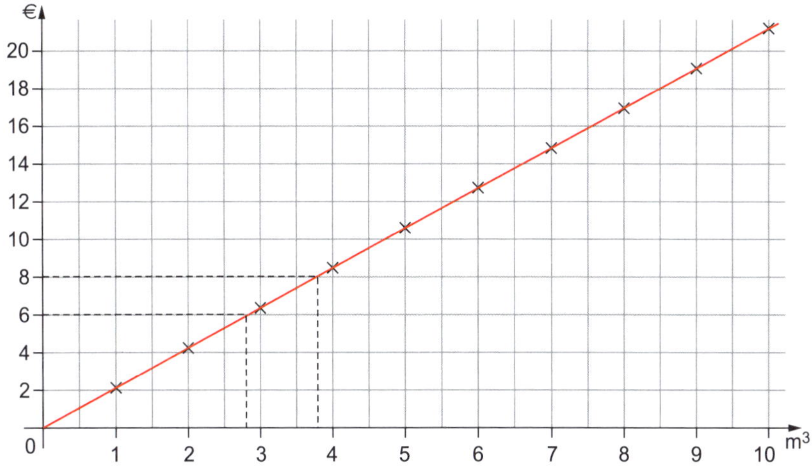

c) **Aus dem Diagramm:**

Für 6 €: ca. 2,8 m^3

Für 8 €: ca. 3,8 m^3

Rechnung:

$2{,}12\text{ €} \mathrel{\hat{=}} 1\text{ m}^3$

$1\text{ €} \mathrel{\hat{=}} 0{,}471\ldots\text{ m}^3$

$6\text{ €} \mathrel{\hat{=}} 2{,}83\ldots\text{ m}^3 \approx 2{,}8\text{ m}^3$

$8\text{ €} \mathrel{\hat{=}} 3{,}77\ldots\text{ m}^3 \approx 3{,}8\text{ m}^3$

152 a) **A** Egal, wie lange ich telefoniere, ich bezahle immer gleich viel.

B Ich bezahle nur dann, wenn ich auch wirklich telefoniere.

C Auch wenn ich gar nicht telefoniere, muss ich eine Grundgebühr bezahlen.

b) Bei Tarif B handelt es sich um eine proportionale Zuordnung, da der Graph eine Gerade ist, die durch den Ursprung geht.

153 **Wertetabelle:**

gefahrene Kilometer	0	100	200	300	400	500	600	700	800	900	1 000
Kosten in €	210	220,50	231	241,50	252	262,50	273	283,50	294	304,50	315

1 ℓ Benzin ≙ 1,50 €
7 ℓ Benzin ≙ 10,50 €

Schaubild:

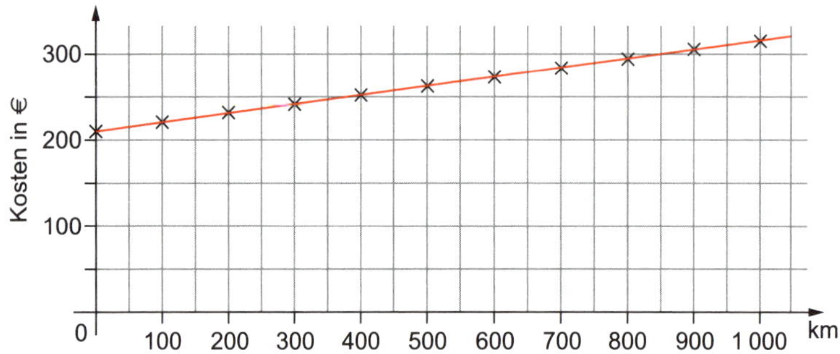

154 a)

Verbrauch	0 kWh	1 000 kWh	2 000 kWh	3 000 kWh	4 000 kWh
Kosten Tarif A	75 €	255 €	435 €	615 €	795 €
Kosten Tarif B	105 €	255 €	405 €	555 €	705 €

Bei Tarif A kommen zum Grundpreis jeweils pro 1 000 kWh noch 0,18 € · 1 000 = 180 € hinzu, bei Tarif B sind es 0,15 € · 1 000 = 150 €.

b)

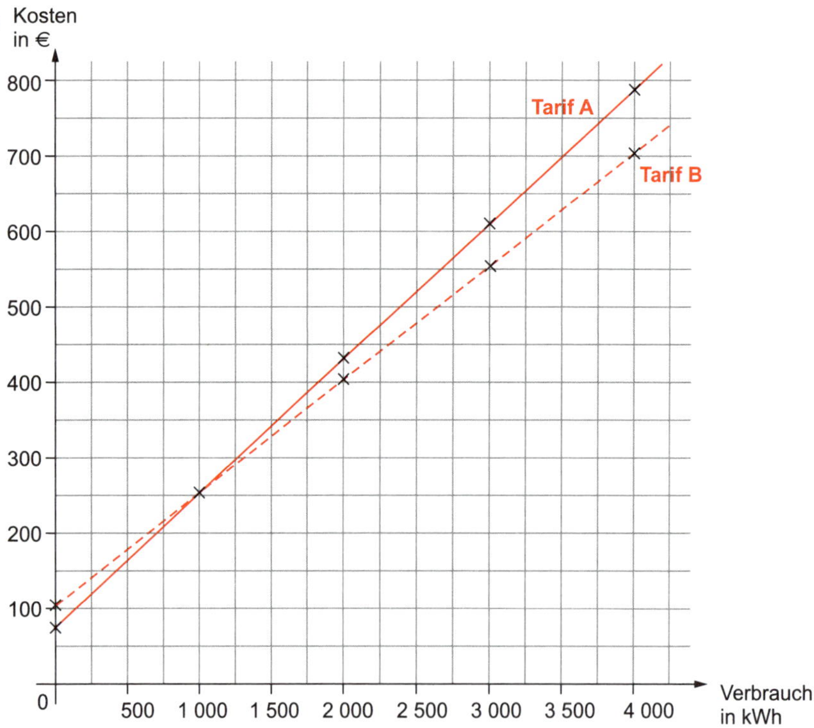

c) Bis zu einem Verbrauch von 1 000 kWh ist Tarif A günstiger, bei mehr als 1 000 kWh ist Tarif B günstiger.

Bis 1 000 kWh verläuft der Graph von Tarif A **unter** dem Graphen von Tarif B.

155 a) 10 km kosten 10 €.
15 km kosten 12,50 €.
20 km kosten 15 €.

Lies aus dem Diagramm ab.

b) Die Grundgebühr beträgt 5 €.
Für 5 km sind jeweils 2,50 € zu bezahlen.

$5\,€ + 20 \cdot 2{,}50\,€ = 55\,€$

Für 100 km muss man 55 € bezahlen.

156 Die Zuordnung „Anzahl der Personen pro Haushalt → jährliche Müllgebühr" ist nicht proportional, denn:

1 Person → 74 €
2 Personen → 134 €
Proportional wären aber $74\,€ \cdot 2 = 148\,€$.
Oder:
Proportional wäre:
6 Personen → 268 €
1 Person → $268\,€ : 6 \approx 44{,}67\,€$

Erklärung:
Man geht davon aus, dass das Müllaufkommen in einem Haushalt nicht proportional zu den darin lebenden Personen ist. Doppelt so viele Personen verursachen nicht automatisch auch doppelt so viel Müll. Außerdem muss die Müllabfuhr sowieso zu jedem Haushalt fahren und den Müll abholen, da macht es keinen großen Unterschied, ob sie eine kleine oder eine große Tonne leert.

157 a)

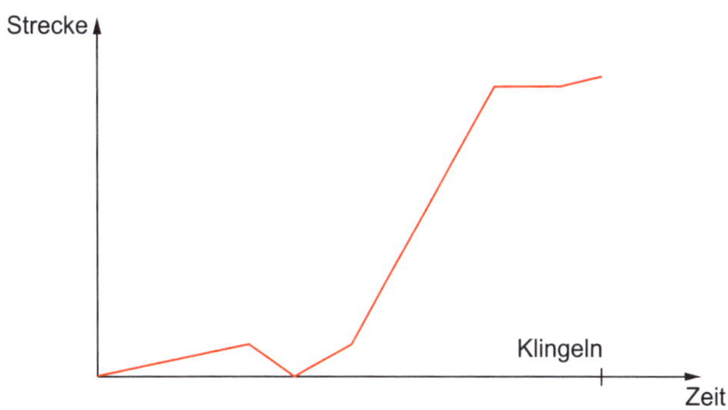

b) In der 1. Stunde wandern Manuel und seine Familie 4 km, dann machen sie eine Pause von einer halben Stunde. Für die nächsten 4 km brauchen sie $1\frac{1}{2}$ Stunden, weil es bergauf geht. Die Familie macht auf dem Gipfel wieder eine Pause von $\frac{1}{2}$ Stunde. Jetzt geht es bergab und sie schaffen die nächsten 3 km in 30 Minuten, die letzten 4 km gehen sie wie am Anfang.

158 a) Der Graph von Lars beginnt nicht im Ursprung und steigt nicht so stark wie der Graph von Jan.
Die y-Achse bei Lars geht von 0 € bis 30 €, bei Jans Graph geht die y-Achse von 0 € bis 20 €. Die beiden Diagramme sind also mit unterschiedlichen Maßstäben gezeichnet.

b) „Wie ihr an den beiden Graphen sehen könnt, ist das Taschengeld von Jan in den letzten Jahren stärker angestiegen als mein Taschengeld, deswegen hätte ich gerne eine Erhöhung."

c) „Wenn du die tatsächliche Höhe des Taschengelds miteinander vergleichst, siehst du, dass du in den letzten Jahren sogar mehr Taschengeld bekommen hast als Jan. Im 1. Jahr 10 € (Jan: etwa 6 €), im 2. Jahr 15 € (Jan: etwa 13 €) und nun im 3. Jahr bekommt ihr beide 20 €."

159 **Schneller Anstieg der Kosten:**

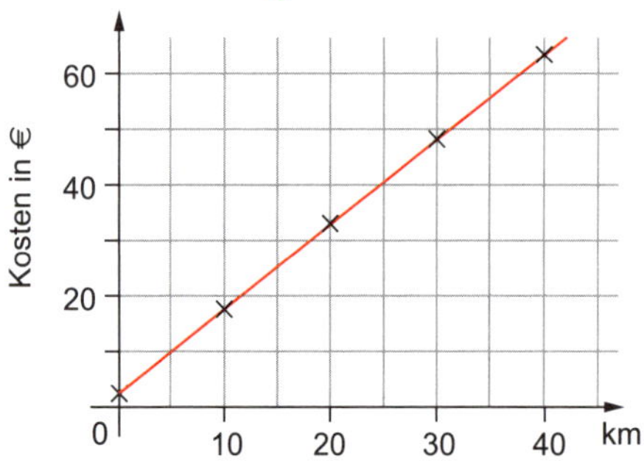

Langsamer Anstieg der Kosten:

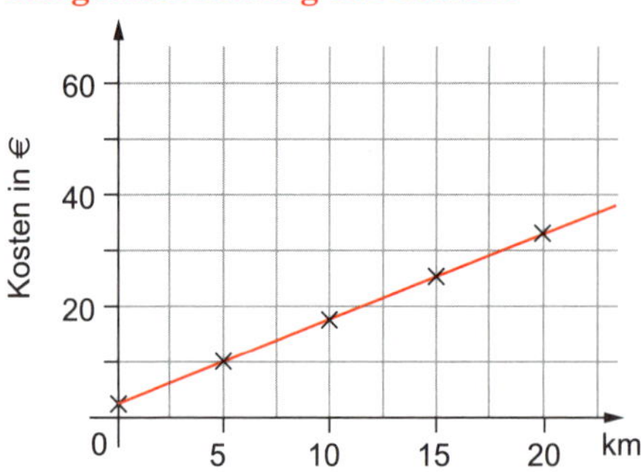

160 a) **B** Die Füllhöhe steigt erst **schnell**, dann **langsamer**, d. h., das Gefäß muss unten schmal sein und nach oben hin breiter werden.

b) **A** Die Füllhöhe steigt **gleichmäßig**.

c) **C** Die Füllhöhe steigt erst **langsam**, dann **schneller**, d. h., das Gefäß muss unten breit sein und nach oben hin enger werden.

161 a) **C** Das Auto **beschleunigt** nach der Kurve und wird immer schneller.

b) **A** Das Auto muss vor der Kurve stark **abbremsen** und kann dann wieder **beschleunigen**.

c) **B** Das Auto muss vor der Kurve leicht **abbremsen**, kann dann wieder **beschleunigen** und muss vor der nächsten Kurve wieder leicht **abbremsen**.

Bildnachweis

Umschlag: © Krzysztof Dydynski/Getty Images
S. 1: © A1stock/Dreamstime.com
S. 4, S. 50: © Vladislav Susoy/Dreamstime.com
S. 5: © Phartisan/Dreamstime.com
S. 6: © Marion Augenstein
S. 8: Motorrad: © Dave Butler, Mobberley, UK/sxc.hu
S. 9: Laptop: © Svyatoslav Palenyy/sxc.hu; Malerset: © Ramona Heim/Fotolia.com; Akkuschrauber: © Newlight/Dreamstime.com
S. 10: Jacke: © Oleksandr Kalina/Dreamstime.com; Rock: © Evaletova/Dreamstime.com; Schal: © Ivan Liubenko/Dreamstime.com
S. 16: © anmaro/Fotolia.com
S. 18: Mann: © Kaarsten/Fotolia.com; Frau: © ArTo/Fotolia.com; Frau mit Ordner: © Robert Kneschke/Fotolia.com
S. 19: © Raldi Somers/Fotolia.com
S. 21: © leksele/Fotolia.com
S. 22: © Milan Zeremski/istockphoto.com
S. 23: © MASP/Fotolia.com
S. 25: © Martin Nikolaev/www.sxc.hu
S. 27: © eyewave/Fotolia.com
S. 35: Rennrad: © Reinhold Föger/Fotolia.com; Mountainbike: © fjdelvalle/istockphoto.com; BMX: © VISION photodesign inc/istockphoto.com
S. 36: © Myrabella/Wikimedia Commons/CC-BY-SA-3.0 & GFDL
S. 43: © jeanphilippe delisle/Fotolia.com
S. 47: Gartenschlauch: © objectsforall/Fotolia.com; Euro: © Stosic Marko/sxc.hu; Rohr: © Ramona Heim/Fotolia.com; Pylon: © abcdz2000/sxc.hu
S. 51: © GeorgHH/Wikipedia.com
S. 52: Litfaßsäule: © Roman Milert/Fotolia.com
S. 54: © Brian Lary/sxc.hu
S. 61: © Uwe/Fotolia.com
S. 62: © Anne Katrin Figge/Fotolia.com
S. 65: © Rafael Laguillo/Dreamstime.com
S. 66: © Irina Fischer/Fotolia.com
S. 68: Karton: © Pascal THAUVIN/sxc.hu; Dosen: © Andrew Johnson/istockphoto.com; Tacho: © www.pointbike.de
S. 69: © Tupungato/Fotolia.com
S. 70: © Salina Hainzl/sxc.hu
S. 72: © Ivan Kruk/Fotolia.com
S. 77: © MAXFX/Fotolia.com
sonstige Bilder: Redaktion

Ihre Meinung ist uns wichtig!

Ihre Anregungen sind uns immer willkommen. Bitte informieren Sie uns mit diesem Schein über Ihre Verbesserungsvorschläge!

Titel-Nr.	Seite	Vorschlag

Bitte hier abtrennen

Lernen • Wissen • Zukunft
STARK

Zutreffendes bitte ankreuzen!

Die Absenderin/der Absender ist:

- ☐ Lehrer/in in den Klassenstufen: ____
- ☐ Fachbetreuer/in
  Fächer: ____
- ☐ Seminarlehrer/in
  Fächer: ____
- ☐ Regierungsfachberater/in
  Fächer: ____
- ☐ Oberstufenbetreuer/in
- ☐ Schulleiter/in
- ☐ Referendar/in, Termin 2. Staatsexamen: ____
- ☐ Leiter/in Lehrerbibliothek
- ☐ Leiter/in Schülerbibliothek
- ☐ Sekretariat
- ☐ Eltern
- ☐ Schüler/in, Klasse: ____
- ☐ Sonstiges: ____

Unterrichtsfächer: (Bei Lehrkräften!)

____

STARK Verlag
Postfach 1852
85318 Freising

Kennen Sie Ihre Kundennummer? Bitte hier eintragen.

Absender (Bitte in Druckbuchstaben!)

Name/Vorname ____

Straße/Nr. ____

PLZ/Ort/Ortsteil ____

Telefon privat ____ Geburtsjahr ____

E-Mail ____

Schule/Schulstempel (Bitte immer angeben!)

23-VTX
Bitte ausfüllen und im frankierten Umschlag an uns einsenden. Für Fensterkuverts geeignet.

Bitte hier abtrennen